動物生存看家本領大解密！

動物趣味知識圖鑑

人人出版

人人伽利略系列41

動物生存看家本領大解密！

動物趣味知識圖鑑

1

真的很厲害！
飛行動物
的祕密

地球上住著多采多姿的生物。其中有些生物可以在廣闊的天空中自由飛翔，這是我們人類永遠沒有的能力。本章就來看看為了飛行而特化的鳥類與其獨特的身體結構。本章也會提到有「森林忍者」稱號的貓頭鷹，以及能在天空中自由飛翔的唯一哺乳類——蝙蝠。

協助　東 昭／遠藤秀紀／田中博人／早矢仕有子／福井 大／松岡廣繁／安藤達郎

為什麼鳥會飛？
解剖為了「飛行」而特化的身體結構

鳥能在天空中飛翔，但其「飛行」方式其實有很多種，譬如巧妙運用上升氣流滑翔的黑鳶、吸吮花蜜時懸停在空中的蜂鳥，飛行方式就不一樣。為什麼鳥類的飛行方式如此多采多姿呢？其中有什麼特殊理由嗎？本節將介紹鳥類特有的飛行行為，以及為了飛行而特化的身體結構、拍動翅膀的方法等，揭開鳥類飛行的祕密。

協助

東 昭 日本東京大學 名譽教授

遠藤秀紀 日本東京大學 綜合研究博物館 教授

田中博人 日本東京工業大學 副教授

懸停的蜂鳥
照片為分布於南美洲的黑喉芒果蜂鳥。蜂鳥會為了吸食花蜜而停在空中，稱作「懸停」。翅膀拍動的速度非常快，1秒內最多可以拍動80次翅膀。

鳥能順暢飛行的祕訣，在於翅膀的形狀與運動方式

許多生物都能在空中飛行。昆蟲、蝙蝠自不用說，鼯鼠、飛魚也算是能長距離「飛行」的生物。不過，說到能在廣闊天空中自由飛翔的生物，應該會先想到「鳥」吧。

每個人一定都有想像過像鳥一樣在天空中飛翔的樣子。不過，為什麼鳥能自由自在地飛翔呢？其中有什麼祕密嗎？

迎面而來的風給予向上的力

鳥類飛行的方法大致上可以分成兩種，分別是「滑翔」與「拍撲」（flapping）。先來看看不拍動翅膀，就能在風中前進的滑翔。

為什麼鳥的身體能「浮」在流動的空氣中呢？關鍵就在鳥的「翅膀」之中。以翅膀左右展開的長度為直徑，加上鳥前進的距離，可得到一個假想的空氣圓柱。鳥展開翅膀往前飛行時，就是把這個空氣圓柱往下壓（右頁插圖），藉著反作用力讓翅膀往上浮。

另外，觀察鳥類翅膀的橫剖面可以發現前端渾圓、後方形狀尖銳（右頁下方左側插圖），這種形狀稱為「流線型」，為空氣阻力最小的形狀。順帶一提，飛機的翅膀也是流線型。

當風吹向這個翅膀的剖面（翼型）時，通過翼型上側的風速，會比通過翼型下側的風速還要快。此時，流速較慢的下側，會對流速較快的上側產生垂直於風向的力，稱作「升力」。與平板狀的翅膀相比，若翼型為有厚度的流線型，就像鳥的翅膀一樣，那麼即使攻角大，氣流也不會分離（右頁下方插圖），且厚度越厚，翅膀的強度越高。

也就是說，迎面而來的風，可以產生把翅膀往上推的力（升力）。鳥類便是利用空氣（流體）的這種性質，讓自身飛起來的。

鳥類翅膀的飛行機制

下方為鳥類翅膀的飛行機制示意圖。以翅膀左右展開的長度為直徑，加上鳥前進的距離，可得到一個假想的空氣圓柱。當鳥展開翅膀往前飛行時，就是把這個空氣圓柱往下壓，藉著反作用力讓翅膀往上浮。翼展越大，被往下壓的空氣圓柱體積就越大，反作用力也越大，使翅膀的升力增加。

← 鳥的前進方向

空氣圓柱

鳥前進時，會把空氣圓柱往下壓，並利用反作用力讓翅膀上浮

直徑略比翼展短一些

鳥的翅膀剖面形狀為易獲得升力的流線型

鳥的翅膀剖面形狀稱為「翼型」，為流線型，空氣阻力小。翼型前方迎風時，會產生往上的升力。與平板型翅膀相比，流線型翅膀在仰角大時，氣流也不會分離，且厚度越厚，翅膀強度越高。

翼型
（流線型）

翼型上方的空氣流動較快

升力

空氣阻力

翼型下方的空氣流動較慢

翼型傾斜與升力的關係

翼型傾斜時，可提升升力。但傾斜過大時會發生「氣流剝離」現象，導致失速。

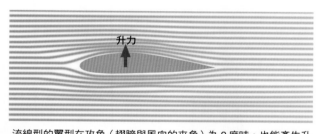

升力

流線型的翼型在攻角（翅膀與風向的夾角）為0度時，也能產生升力。

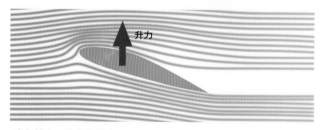

升力

攻角越大，升力也越大。

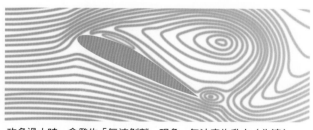

攻角過大時，會發生「氣流剝離」現象，無法產生升力（失速）。

巧妙調整翅膀角度
以防止失速

而調整翅膀的角度（攻角），可改變升力大小（左下圖）。

攻角為翅膀與氣流的夾角。當攻角越大時，升力就越大。因為攻角越大時，翅膀上方的空氣流動速度會更快。

然而，升力無法無限提升。當攻角超過一定角度時，升力會突然消失，這個過程稱為「失速」。當攻角過大時，通過翅膀上側的氣流會與翅膀「剝離」。

鳥類為了防止失速，會配合風向，調整翅膀的角度，以獲得適當的升力。

拍動翅膀獲得推進力

前面說明了鳥可透過滑翔「浮」在空中。但如果翅膀一直保持水平滑翔，會無法獲得前進的「推進力」，於是鳥便可透過「拍動翅膀」來獲得推進力。

鳥拍動翅膀時，與氣流的關係和滑翔時很不同。翅膀在滑翔時，幾乎只有前端部分會撞擊空氣。不過當翅膀往下拍時，空氣會由下往上撞擊翅膀；翅膀往上舉起時，空氣會由上往下撞擊翅膀。也就是說，如果鳥只是單純上下拍動翅膀，那麼氣流撞擊翼型的角度（攻角）會過大。就如前文所說，攻角過大時會失速墜落。鳥類為了防止失速，會稍微扭轉翅膀，將攻角控制在適當範圍內。

不管是往下還是往上拍動，都能獲得往前推進力的巧妙機制

下方插圖為鳥拍動翅膀時，產生升力機制的示意圖。升力方向與空氣撞擊翅膀的方向垂直，又可分成水平（左右）方向的分力，以及垂直（上下）方向的分力。翅膀往下拍動時，可同時獲得往上的力與推進力（2）；翅膀往上拍動時，則會犧牲掉往上的力，並獲得推進力（4）。鳥也可在翅膀往上拍動時，改變扭轉翅膀的角度，犧牲推進力，並獲得往上的力。

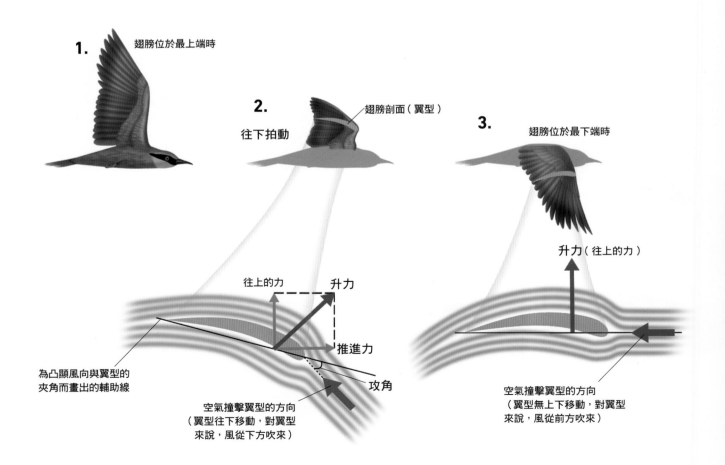

1. 翅膀位於最上端時

2. 往下拍動　翅膀剖面（翼型）

為凸顯風向與翼型的夾角而畫出的輔助線

往上的力　升力

推進力

攻角

空氣撞擊翼型的方向（翼型往下移動，對翼型來說，風從下方吹來）

3. 翅膀位於最下端時

升力（往上的力）

空氣撞擊翼型的方向（翼型無上下移動，對翼型來說，風從前方吹來）

往上或往下拍動翅膀
都能獲得推進力

當鳥拍動翅膀時，翅膀又是如何獲得推進力的呢？此時又會產生什麼樣的力呢？讓我們看看翅膀「往下拍動→往上拍動」來回一次樣子。

首先，翅膀往下拍動時，前緣會往下扭（下圖的**1～3**）。此時，升力為斜上方往前（**2**）。這表示此時除了往上的升力之外，還有往前的推進力。

接著，鳥往上拍動翅膀時，前緣會往上扭（下圖的**3～5**），這麼做可以防止失速並產生斜下方往前的升力（**4**）。雖然多少會犧牲一些往上的力道，但重要的是可以獲得推進力。

也就是說，鳥會適當改變翅膀的角度，無論往下與往上拍動翅膀，都可以獲得推進力。

而在滑翔過程中，會逐漸降低高度（下方小插圖）。基本上，滑翔就是將重力轉換成推進力飛行的過程。不過第12頁介紹的黑鳶與鵟等陸鳥，都能在滑翔時乘著上升氣流往上飛。

4.

往上拍動

5.

翅膀位於最上端時

空氣撞擊翼型的方向
（翼型往上移動，對翼型
來說，風從上方吹來）

推進力

往下的力

升力

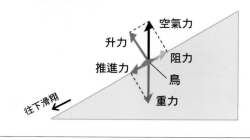

鳥滑翔時的作用力

滑翔中的鳥（灰色）受到重力（藍）與反方向空氣力（黑）的作用，達成平衡。空氣力為與斜面垂直之升力（紅），以及水平方向之空氣阻力（黃）的合力。重力可產生與空氣阻力方向相反的推進力（綠），使鳥滑翔時邊前進邊下降。

空氣力

升力

阻力

推進力

鳥

重力

往下滑翔

鳥的體內結構圖解！

為了在天空中自由飛翔，鳥的骨頭與哺乳類、爬行類有很大的差異，體內結構也十分特殊。

本頁以日常熟悉的鴿子為例，說明鳥能飛行的祕密。

輕量化卻能維持一定強度的骨頭

為了飛行，應盡可能減輕體重。因此鳥的骨頭輕量化到了極致，內部幾乎中空，並有許多柱狀結構彼此交叉，以保持一定強度。這種結構與橋樑類似。鳥所有骨頭的重量，僅占體重的5%左右（人類約為20%）。

重量集中在身體中心的結構

鳥的口中沒有牙齒，以較輕的鳥喙取代了較重的牙齒。而且肌肉集中在身體中心，翅膀與腳尖幾乎沒有肌肉。

這樣的結構可以讓重量集中在身體中心。以相同體重來說，這樣可以讓身體更為靈活。相對地，若重量集中在身體末端，便會讓身體顯得笨重。鳥需要有效率地在空中飛行，所以重量集中在身體中心。

小翼
指骨
腕骨
肘

拍動翅膀的強大胸部肌肉

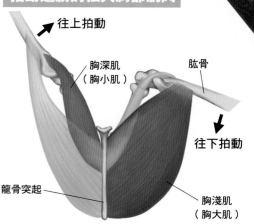

往上拍動
胸深肌（胸小肌）
肱骨
往下拍動
龍骨突起
胸淺肌（胸大肌）

從鴿子胸前觀看的肌肉示意圖。左半邊為翅膀往上拍動時的肌肉運動，右半邊為翅膀往下拍動時的肌肉運動。翅膀往上拍動時，「胸深肌」（胸小肌）收縮；翅膀往下拍動時，「胸淺肌」（胸大肌）收縮。往下拍動時需要比較大的力，所以胸淺肌明顯比胸深肌還要大。

龍骨突起

支撐著大型肌肉的胸骨

鳥的胸部有名為龍骨突起的大型骨頭。龍骨突起的功能為固定胸深肌與胸淺肌，相當發達。

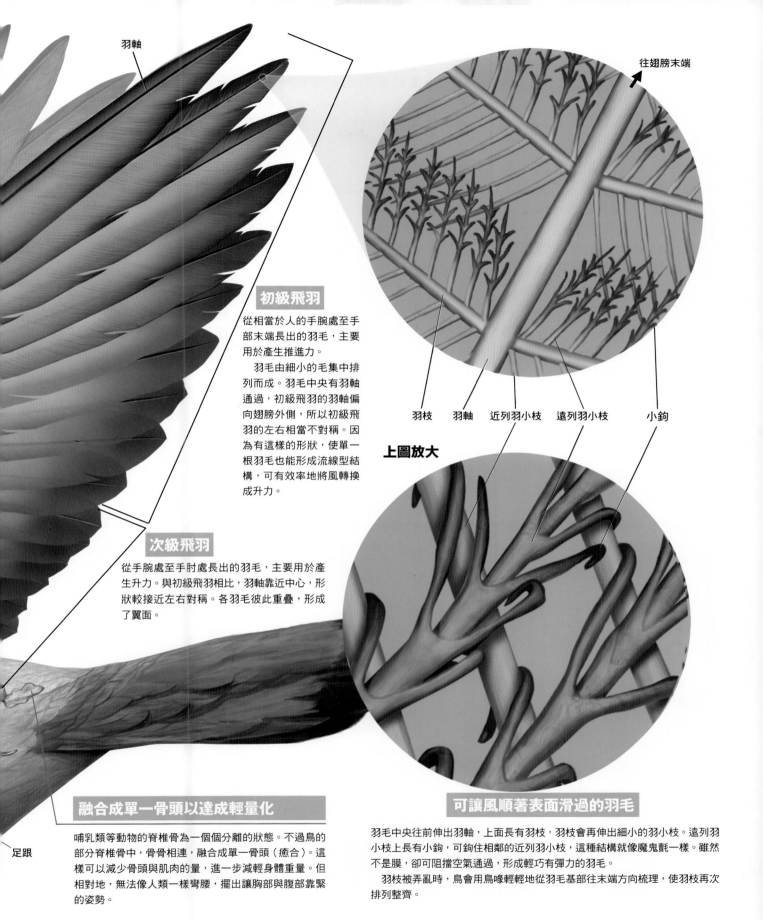

羽軸

往翅膀末端

初級飛羽

從相當於人的手腕處至手部末端長出的羽毛，主要用於產生推進力。

羽毛由細小的毛集中排列而成。羽毛中央有羽軸通過，初級飛羽的羽軸偏向翅膀外側，所以初級飛羽的左右相當不對稱。因為有這樣的形狀，使單一根羽毛也能形成流線型結構，可有效率地將風轉換成升力。

羽枝　羽軸　近列羽小枝　遠列羽小枝　小鉤

上圖放大

次級飛羽

從手腕處至手肘處長出的羽毛，主要用於產生升力。與初級飛羽相比，羽軸靠近中心，形狀較接近左右對稱。各羽毛彼此重疊，形成了翼面。

足跟

融合成單一骨頭以達成輕量化

哺乳類等動物的脊椎骨為一個個分離的狀態。不過鳥的部分脊椎骨中，骨骨相連，融合成單一骨頭（癒合）。這樣可以減少骨頭與肌肉的量，進一步減輕身體重量。但相對地，無法像人類一樣彎腰，擺出讓胸部與腹部靠緊的姿勢。

可讓風順著表面滑過的羽毛

羽毛中央往前伸出羽軸，上面長有羽枝，羽枝會再伸出細小的羽小枝。遠列羽小枝上長有小鉤，可鉤住相鄰的近列羽小枝，這種結構就像魔鬼氈一樣。雖然不是膜，卻可阻擋空氣通過，形成輕巧有彈力的羽毛。

羽枝被弄亂時，鳥會用鳥喙輕輕地從羽毛基部往末端方向梳理，使羽枝再次排列整齊。

※：實際上的羽小枝為板狀結構，彼此重疊沒有空隙。

為什麼鷹與蜂鳥飛行的方式不一樣呢？

雖然都是「鳥」，但是每種鳥的體型不同，飛行方式也有很大的差異。譬如黑鳶、鷹等大型鳥類會在高空滑翔，麻雀、椋鳥等小型鳥類則會在飛行時持續拍動翅膀。簡單來說，大型鳥類擅長滑翔，小型鳥類擅長拍撲，為什麼會有這樣的區別呢？

大鳥滑翔、小鳥拍撲

鳥拍動翅膀飛行時，產生能量的「發動機」為胸部肌肉。越大的鳥，這些肌肉就越重，可產生越大的能量。但另一方面，體重較重的鳥，飛行時需要更多能量，而且多出來的肌肉重量所需要的飛行能量，會比多出來的肌肉可產生的能量還要多。

也就是說，體型越大的鳥，越不適合拍撲飛行。

而在滑翔時，空氣的「黏度」是很重要的因素之一。

體型很大的海豚即使停止了游泳動作，身體仍然會繼續前進。相對於此，體型小的青鱗在停止游泳動作的瞬間，就會停於該處，因為對體型小的生物來說，黏度（此處的情況是水）的影響力比較大。也就是說，雖然還不至於像空氣中的昆蟲那樣，但對越小的鳥而言，空氣越黏。

綜上所述，一般而言大型鳥擅於滑翔、小型鳥擅於拍撲。

風通過翅膀的空隙

那大型鳥與小型鳥分別是如何飛行的呢？接下來看實際的例子。

黑鳶、鷹等大型陸鳥，以及信天翁等大型海鳥，相較於體型都有非常長的翅膀。如第13頁下方的圖所示，翼展越長，撞擊翅膀的空氣量就越多，可以讓鳥獲得更大的升力。

不過，陸鳥與海鳥的翅膀形狀不同。陸鳥翅膀接近長方形，且滑翔時，翅膀末端的羽毛與羽毛間有明顯的空隙，為

兀鷲的廣大翅膀呈長方形，可在乘著上升氣流飛行時避免失速

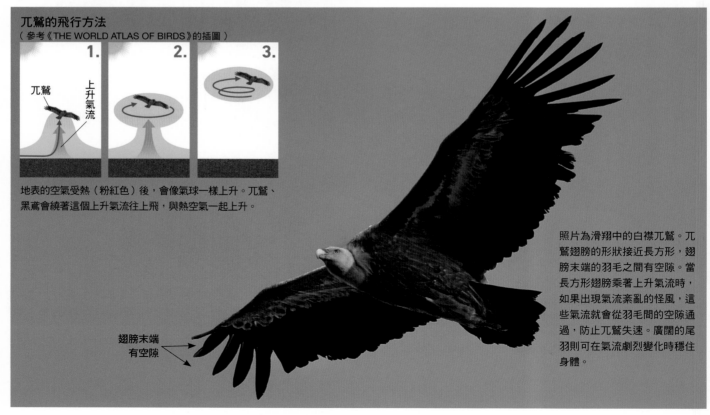

兀鷲的飛行方法
（參考《THE WORLD ATLAS OF BIRDS》的插圖）

1. **2.** **3.**

兀鷲
上升氣流

地表的空氣受熱（粉紅色）後，會像氣球一樣上升。兀鷲、黑鳶會繞著這個上升氣流往上飛，與熱空氣一起上升。

翅膀末端有空隙

照片為滑翔中的白襟兀鷲。兀鷲翅膀的形狀接近長方形，翅膀末端的羽毛之間有空隙。當長方形翅膀乘著上升氣流時，如果出現氣流紊亂的怪風，這些氣流就會從羽毛間的空隙通過，防止兀鷲失速。廣闊的尾羽則可在氣流劇烈變化時穩住身體。

陸鳥的一大特徵（第12頁下方照片）。之所以有這種特徵，是因為與海上的風相比，陸地的風更加紊亂。即使突然有陣怪風吹來，陸鳥的翅膀也能讓氣流從空隙間通過，防止失速。

另外，陸鳥的尾羽通常較大。這也是因為陸地的高空常吹起怪風，大型尾羽能讓陸鳥穩定飛行。

信天翁是最擅長滑翔的鳥

另一方面，信天翁等海鳥則有細長且末端突出的翅膀，擁有相對嬌小的身體與尾羽（下方照片）。細長翅膀的根部比較難承受過大的升力，不過翅膀末端突出，可減少末端的受力，減輕翅膀基部的負擔，為其優點。

因為擁有這種適合滑翔的體型，使信天翁即使在無風時，也能在下降1公尺的同時，水平滑翔40公尺的距離。雖然鳥的種類有很多，但滑翔技術如此驚人的鳥也只有信天翁、大水薙鳥等大型海鳥了。

另外，不同於陸鳥，信天翁的初級飛羽之間沒有空隙。這是因為海上比較不會有怪風，不需要特別處理怪風的氣流。

S型渡海

信天翁可以靠著名為「動力翱翔」（dynamic-soaring）的滑翔方式，在海上飛行數千公里的距離，方法如下。

信天翁會先迎風減速飛行，直到高度提升20公尺左右，接著旋轉身體，往下風處順風往下方滑翔，透過重力與風獲得能量，產生推進力（參考下面的「信天翁飛行方法」）。到接近海面的高度時，信天翁的速度可達時速100公里左右。

在海面快速飛行的信天翁會再次轉換方向，迎風上升。信天翁會持續重複這些步驟，使

信天翁可用細長的翅膀滑翔數千公里不落地

照片為滑翔中的信天翁。信天翁的翅膀相當細長，翼展可達3公尺。細長的翅膀讓信天翁相當擅於滑翔。

與陸地不同，海上幾乎不會有氣流紊亂的怪風，所以信天翁不像陸鳥那樣羽毛之間有間隙，且翅膀末端突出。

信天翁會善用海上氣流的特徵，以滑翔方式飛行數千公里。信天翁會先往上風處飛行，並持續上升，將速度轉換成高度，然後改變方向往下風處飛行。在海平面以上約20～30公尺高的地方，風速大幅增加（如右下圖），信天翁會在此處改變方向，並運用位能往下風處滑行，此時可運用順風與位能提升飛行速度。而在接近水面時會再轉變方向，朝著上風處飛行，提升高度。

翅膀末端突出

信天翁的飛行方法
（參考《THE WORLD ATLAS OF BIRDS》的插圖）

高空的風比較強

朝上風處飛行上升的信天翁

靠近海面處的風較弱

順風滑翔的信天翁

風速的變化

圖中縱軸為高度，往左下方伸出的箭頭則代表風速。高度越高，風速越快，而在高度約20～30公尺處，風速會大幅增加，信天翁便在此處改變飛行方向。

風速

60
50
40
30
20
10

高度（公尺）

高度20公尺處的風速

軌跡如S字形。這種飛行方式能在滑翔時獲得能量，但不是每種鳥都能這麼飛，只有身體呈流線型，且翅膀很大的信天翁、大水薙鳥等才做得到。

蜂鳥是鳥類中的「特技專家」

接著來介紹善於拍動翅膀的小型鳥類。如同在第12頁提到鳥的體型越小、越輕，越適合拍撲飛行。麻雀只要拍撲並蹬一下地，就能飛向天空，就是因為體重輕盈。

體重越輕，浮在空中需要的能量就越少，更有餘力做出各種變化。所以非常小的鳥飛行時，就像在表演特技一樣，最有名的例子是棲息於美洲的「蜂鳥」。蜂鳥體重只有2～20克左右，不只能往前飛行，也能展開尾羽當作舵使用，控制身體往上下、左右，甚至往後移動，或者在空中翻滾。蜂鳥還能在拍撲時停留在空中，也就是所謂的「懸停」。

翻動翅膀以達成懸停目的

蜂鳥可以讓身體呈約45度立起，伸出翅膀每秒拍撲20～80次，維持懸停狀態（下方照片）。值得一提的是，翅膀往下拍動時（1～5），相當於人類手掌的部分會往下拍動；翅膀往上拍動時（6～10），翅膀則會翻過來，使相當於人類手掌的部分往上拍動。

這種拍撲方式，讓蜂鳥在翅膀往下或往上拍動時，都能獲得往上的升力。

只有蜂鳥能翻動翅膀

能懸停的不僅蜂鳥，日本山雀等鳥類也能懸停。不過，只有蜂鳥能將整個翅膀翻過來，往後方拍動翅膀。

日本山雀會在身體直立的姿勢下，將翅膀往下拍動，之後折起翅膀往上拍動。這樣可以大幅減少往下的升力。

日本山雀只能在往下拍動翅膀時獲得往上的升力。相對於此，蜂鳥在翅膀往下或往上時，都能獲得往上的升力，故蜂鳥可說是懸停的專家。

擁有複雜結構的羽毛如何演化成現在的樣子？

以上介紹了鳥類的飛行機制。鳥類可以飛行的祕密就在翅膀上，「羽毛」更是關鍵。

羽毛與頭髮、指甲、鱗片一樣，是皮膚表面的細胞特化形成的器官。不過就像第11頁中提到的，羽毛的結構遠比頭髮還要複雜。

懸停中的蜂鳥，翅膀幾乎保持水平

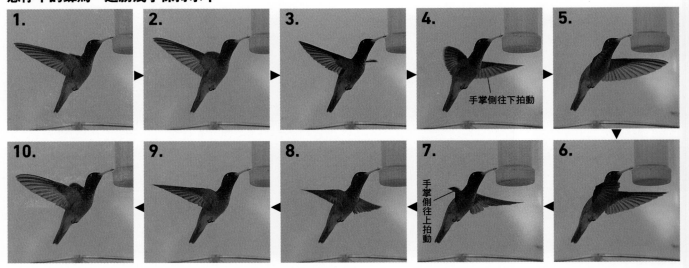

照片為艷蜂鳥的懸停飛行。每張照片的時間間隔僅0.004秒。拍攝時，該蜂鳥平均在1秒內會振動29次翅膀。蜂鳥的身體會保持與水平面呈45度，往下拍動翅膀時（1～5），手掌部分朝下；往上拍動翅膀時（6～10），手掌部分朝上。

羽毛究竟是如何演化成現在的模樣呢？

羽毛的出現在始祖鳥之前？

說到鳥的祖先，可以追溯到生存於侏儸紀（1億9960萬年前～1億4550萬年前）的始祖鳥。

始祖鳥同時擁有「翅膀」這個鳥類特徵，以及「牙齒」這個爬行類特徵。所以普遍認為始祖鳥是最古老的鳥類（但並非現生鳥類的直接祖先）。

不過，始祖鳥的羽毛已經有以羽軸為中心的左右不對稱形狀（右下照片），與現生鳥類的形狀幾乎相同。也就是說，在始祖鳥登場以前，便已有其他動物演化出適合飛行的羽毛。

由現生鳥類追溯羽毛的演化

在鳥孵化前開始詳細研究鳥如何發育、成長、獨立生活，便可瞭解現生鳥類羽毛的成長方式，並再從中推論出羽毛的演化過程。

目前相關假說如下圖所示。近年來，在中國等地方陸續發掘出長有羽毛的恐龍化石，分析化石的結果，佐證了插圖提到的假說。

左右不對稱的羽毛登場，使其飛上天空

舉例來說，「中華龍鳥」這種生存於白堊紀早期（約1億4400萬年前～約9900萬年前）的肉食性恐龍，身上的羽毛為非常簡單的中空管狀結構，相當於下方插圖中形態1的羽毛。

從這些化石發現，在鳥類登場、學會飛行以前，羽毛便已出現。也就是說，羽毛在雙足步行的肉食性恐龍時代便已出現，之後逐漸多樣化。插圖中，形態5的羽毛以羽軸為羽毛中心，左右對稱（前後對稱）。若單獨置於強風中，會像樹葉一樣振動而無法用於飛行。直到羽軸偏向一邊、左右不對稱的羽毛登場後，羽毛才能撐起前緣產生的升力，使鳥飛向天空。

羽毛經歷不同階段的演化，形成現今的複雜結構（參考《Feathers: The Evolution of a Natural Miracle》的插圖）

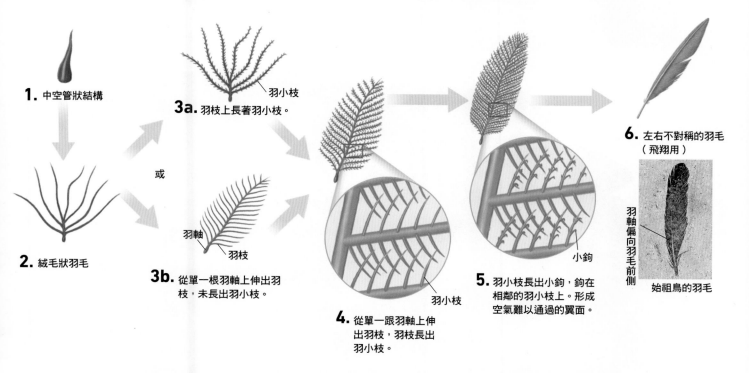

1. 中空管狀結構

2. 絨毛狀羽毛

3a. 羽枝上長著羽小枝。
羽小枝

3b. 從單一根羽軸上伸出羽枝，未長出羽小枝。
羽軸
羽枝

4. 從單一跟羽軸上伸出羽枝，羽枝長出羽小枝。
羽小枝

5. 羽小枝長出小鉤，鉤在相鄰的羽小枝上。形成空氣難以通過的翼面。
小鉤

6. 左右不對稱的羽毛（飛翔用）
羽軸偏向羽毛前側
始祖鳥的羽毛

羽毛演化的一種假說示意圖。請與第11頁的羽毛形狀對照著看。羽毛的演化可分成六個階段，逐步演化成現在的樣子。步驟3、4以外的羽毛型態，皆可找到對應的羽毛化石。

無聲捕捉獵物的貓頭鷹

夜行性的貓頭鷹具備了許多其他鳥類沒有的特徵，使其能在黑暗中精準捕捉到老鼠等獵物。讓我們來看看這個「森林忍者」的祕密吧。

協助：**早矢仕有子** 日本北海學園大學 工學院 教授

確保貓頭鷹在黑暗中也能確實捕捉到獵物的各種機制

夜行性的貓頭鷹在黑暗中也能確實捕捉到老鼠等獵物。因為貓頭鷹擁有「飛翔時不會發出聲音的羽毛」、「可感應到微弱光線的眼睛」、「可掌握獵物確切位置的耳朵」、「能瞬間靜止的四肢」等其他鳥類所沒有的特徵。包括毛腿漁鴞、鵰鴞在內，鴞形目共有約230個物種。圖為鴞形目的代表性物種「長尾林鴞」（*Strix uralensis*）。

可感應微弱光線的眼睛（右圖）

貓頭鷹有很大的角膜與水晶體。睫狀肌的收縮與舒張，可以改變角膜與水晶體的厚度，聚集更多光線。

此外，貓頭鷹的眼睛與人類一樣，都位在臉部的正面，故同時擁有廣視野（約70°）與立體視覺。這項特徵在鳥類中相當少見。

左右耳在不同位置（右圖）

貓頭鷹的左右耳孔高低方向皆不同，所以聲音從聲源抵達雙耳有時間差。此外，抵達左右耳的聲音強度也不一樣。貓頭鷹可活用這個特徵，判斷聲源在立體空間中的位置。譬如西倉鴞便可在完全黑暗中捕捉到獵物。

有集音功能的臉

貓頭鷹的臉上有許多細緻的羽毛，依一定規則生長。這些羽毛的生長方式，可以讓貓頭鷹的臉像拋物面天線一樣，將聲音匯集到耳朵（參考第18頁的烏林鴞）。

可轉到正後方的頸部※

貓頭鷹有14個頸椎，數量是人類的2倍，所以貓頭鷹可以輕易把頭轉向正後方。另外，貓頭鷹下顎骨下方的血管有血液的「貯藏袋」，由於貓頭鷹突然轉頭時會壓迫到血管，減少血液輸送，但這個血液貯藏袋可以繼續輸送必要的血液給腦與眼睛。

※小型貓頭鷹可將頸部旋轉至270°。

有消音功能的羽毛

貓頭鷹初級飛羽（位於翅膀最外側，提供推進力的羽毛）的末端部分有著鋸齒般的結構，可以消除翅膀劃過空氣時產生的尖銳聲音。

另外，貓頭鷹的羽毛上，長有1毫米大小的柔軟細毛，可以消除羽毛與羽毛間的摩擦聲。這個機制讓貓頭鷹能無聲無息地捕捉獵物。

初級飛羽（10根） ← → 次級飛羽（10根）

睫狀肌
控制角膜、水晶體
厚度的肌肉

櫛膜
供應視網膜養分的
血管集中由此出入

水晶體

視神經

角膜

鞏膜環
可抵抗氣壓變化或風壓，
固定眼球的骨頭

視網膜

右耳

左耳

長尾林鴞

學名：*Strix uralensis*

體長：48～62公分
　　　（翼展可達130公分）

分布：從斯堪地那維亞半島到日本的歐亞大陸
　　　北部廣大區域

1

4

4

1

4

2

3

3

2

柔軟的腳趾

貓頭鷹有4根腳趾。雀類等多數鳥類停在樹枝上時，三趾往前伸出，一趾往後。但是貓頭鷹卻是兩趾往前、兩趾往後（上圖左）。而捕捉老鼠等獵物時，第四趾會橫向張開，牢牢抓住獵物（上圖右）。貓頭鷹能在各種情況下，靈活運用各根腳趾。

17

特殊羽毛與優異的視覺與聽覺，造就了森林中的獵人

羽毛不會發出聲音，能在黑暗中捕捉獵物的貓頭鷹，還有許多與其他鳥類差異很大的特徵。靜靜佇立在夜晚森林內的貓頭鷹，就像森林中的智者一樣。在希臘神話中，貓頭鷹是智慧與戰爭的女神雅典娜的隨從，也是智慧的象徵。縱紋腹小鴞的學名「*Athene noctua*」就是來自女神雅典娜。

分布於世界各地的貓頭鷹

鴞形目分布於南極洲以外的全球各大陸。目前已知的貓頭鷹共有230種，其中有68%分布於南半球。雖然有些貓頭鷹棲息在草原、沙漠、雪原等開闊的地方，不過約有75%棲息於森林。不同物種的貓頭鷹，體型的差異也很大，有全長超過75公分的鵰鴞、烏林鴞，也有全長僅12～14公分的姬鴞、小鵂鶹。

日本共有11種貓頭鷹，包括日本鷹鴞、東方角鴞、毛腿漁鴞、長耳鴞等。有些貓頭鷹為候鳥，日本可以看到的候鳥貓頭鷹包括短耳鴞、東方角鴞、日本鷹鴞等。日本鷹鴞為夏鳥，會在春天與夏天時飛來日本；短耳鴞為冬鳥，會在秋天時從西伯利亞飛來日本。冬天偶爾可以看到雪鴞飛抵北海道。台灣則有12種貓頭鷹，如黃魚鴞、草鴞、短耳鴞、領角鴞等，目前面臨棲地減少、環境用藥等危機，還需要更加完善的保育政策與民眾共識。

一般認為貓頭鷹是由生存於約6500萬年前的夜行性鳥類「新鳥」（Neoaves）演化而來，遺傳上與貓頭鷹相近的鳥類包括鴛形目、佛法僧目等。由近年的DNA分析結果發現，鳥類DNA在約6600萬年前，也就是大型恐龍滅絕後不久，出現了急遽變化。最古老的貓頭鷹化石，推定約出現在6500～5600萬年前。草鴞科為鴞形目中最早出現的物種，並早一步擴張了棲息區域。

貓頭鷹的羽角

鴞形目的貓頭鷹在日本大致上可以分成兩類，分別是頭部有耳朵般飾羽（羽角）的「木菟」，以及沒有羽角的「鴞」。但也有不少例外，譬如日本鷹鴞的日文為青葉木菟，卻沒有羽角；毛腿漁鴞的日文為縞鴞，卻有羽角。

貓頭鷹約有230種，其中約43%有羽角。有些人會把羽角看成耳朵，但這其實不是耳朵。貓頭鷹的耳朵位於眼睛旁邊，被羽毛遮住看不到。目前尚不確定羽角的功能。可能是為了用於識別同伴、表達感情，就像有耳朵的哺乳類一樣，或者是讓圓形頭部變成不規則的形狀，讓自身外觀融入環境。

優異的視覺與聽覺

貓頭鷹是優秀的獵人。朝向前方的眼睛，眨眼方式與人類相同，眨動的是上眼皮。貓頭鷹的瞳孔與水晶體非常大，即使在黑暗中，只要有一點點光線，貓頭鷹就能捕捉到獵物。對於完全夜行性的貓頭鷹來說，白天的陽光會過於刺眼而睜不開眼睛。相對地，晝行性

功能如拋物面天線的臉，以及由飾羽構成的羽角

烏林鴞

鵰鴞

羽角

左方照片為分布於加拿大與俄羅斯北部針葉林的烏林鴞。牠們的臉有著拋物面天線般的功能，耳朵也相當發達，所以能捕捉到在雪層下方移動的獵物。並沒有看起來像耳朵的「羽角」。

右方照片為廣泛分布於歐亞大陸的鵰鴞，為世界前幾大的貓頭鷹，擁有很大的羽角。

各式各樣的貓頭鷹

運用地面洞穴築巢

穴鴞
學名：*Athene cunicularia*

從巢穴中露出頭來，警戒周圍的穴鴞。屬於小型貓頭鷹，全長僅19～25公分。在地面生活，這在貓頭鷹中相當罕見。穴鴞會把草原犬鼠等哺乳類動物挖掘地面築成的舊巢當作自己的巢穴，某些地區的穴鴞則會自己挖洞築巢。穴鴞喜歡吃昆蟲、蜘蛛，也會捕食小型哺乳類、兩生類、爬行類。穴鴞棲息於北美洲西部到南美洲南端的田園地區、莽原、草原等開闊地區。

捕捉水中的魚

毛腿漁鴞　學名：*Ketupa blakistoni*

毛腿漁鴞為最大型的貓頭鷹之一，翼展可達178～190公分。羽角平常不明顯，但在注視特定對象時，羽角會豎立起來。喜歡吃魚，另外也會捕食老鼠、鴨子、兩生類（蛙）。分布於俄羅斯太平洋沿岸地區、庫頁島南部、北海道等地。估計總個體數略小於2500隻，名列瀕危物種。照片為捕魚中的毛腿漁鴞。

心型臉是註冊商標

西倉鴞　學名：*Tyto alba*

用老鼠餵食幼雛的西倉鴞家族照片。西倉鴞為全長29～44公分的中型貓頭鷹。擁有黑色眼睛與獨特的心型臉。分布於中歐、非洲、東南亞等廣大區域。以田鼠等小型囓齒類為主食。西倉鴞的聽力是人類的數十倍，即使在完全黑暗的環境中，也能僅靠聽覺捕捉獵物。

的花頭鵂鶹不僅能識別顏色，還能運用紫外線捕捉獵物。貓頭鷹的眼球並非球體，而是呈圓錐狀並固定朝向正前方，若貓頭鷹要觀察周圍，必須轉動頸部才行，所以貓頭鷹的頸部才能如此靈活的運動，甚至有的能把頸部轉動270°以上。

　　貓頭鷹不只視覺優異，聽覺也很優異，與多數鳥類不同，貓頭鷹的耳孔非常大，負責聽覺的腦部區域（聽覺區）神經細胞相當多。再加上左右耳的高度、方向各不相同，使左右耳聽到的聲音有明顯差別，這讓貓頭鷹能正確掌握音源位置。另外，10根「初級飛羽」的外緣部分相當柔軟，有著細小鋸齒般結構，這可以讓貓頭鷹在飛翔時，不讓翅膀發出聲音。

（第18～19頁撰文：藥袋摩耶）

蝙蝠

會飛也會倒掛休息的蝙蝠
住在你我周遭的奇妙獸類真實面貌

天色漸暗之時，河邊道路、公園上空等地會出現快速拍動的黑色影子，那就是蝙蝠。蝙蝠是唯一能自由在天空中飛行的哺乳類。除了南極與北極之外，蝙蝠分布於世界上的每個角落，十分貼近人類的生活。即使如此，我們對蝙蝠的瞭解卻不多，本節就來介紹蝙蝠鮮為人知的祕密。

協助 | 福井 大
日本東京大學
農學生命科學研究所 附屬實驗林 講師

休息時倒掛著身體，擁有多種獨特能力的蝙蝠

全世界約有1450種蝙蝠，約占哺乳類全部物種數6000種的四分之一。台灣有38種蝙蝠。

倒掛在樹枝上的狐蝠　狐蝠類

分布於東南亞等亞熱帶地區的大型蝙蝠。以果實為主食，故也稱為果蝠。泰國、寮國寺廟內的大樹，常可看到許多倒掛的狐蝠。多數蝙蝠體長僅3～12公分，為相對較小的動物，不過狐蝠的翼展可達2公尺，大了許多。

唯一擁有飛翔能力的哺乳類

《伊索寓言》把蝙蝠描繪成了一種在獸類與鳥類之間搖擺不定的膽小鬼。蝙蝠是哺乳類，卻擁有飛行能力，實在非常神奇。蝙蝠的翅膀由大幅變形的前肢骨骼，與伸縮性高的「皮膜」構成。擁有皮膜的哺乳類還包括各種鼯鼠類的成員，可在空中滑翔，卻不能像蝙蝠那樣飛行，因為鼯鼠與蝙蝠的翅膀結構及運動方式不同。

倒掛的優點

蝙蝠倒掛身體的習性，成功解放了前肢，使其前肢得以變形並演化成能夠拍動的大片翅膀。蝙蝠的身體特化成可以飛行的樣子，相當輕巧。後肢與肌肉十分貧弱，但相對地，後肢連接骨骼與肌肉的肌腱相當發達。「腱鞘」包裹著相鄰的肌腱，協助活動並控制其活動範圍。這讓蝙蝠不需耗費很大的力氣，就能輕鬆倒掛身體。

另外，皮膜內有血管，可調整血流量。即使在倒掛狀態下，皮膜內的血管仍可防止血液集中在腦部。蝙蝠可用後肢的鉤爪鉤住樹枝、樹葉、岩石，使頭部朝下、身體自然地休息。因為可以倒掛，所以能在洞窟頂部等特殊區域睡覺，不受天敵騷擾，一般也認為倒掛姿勢可能有助於起飛。

吸血的蝙蝠很少見

因為吸血蝙蝠的存在，讓有人以為蝙蝠都會吸血，實際上絕大多數蝙蝠並不會吸血。

不同種類的蝙蝠，食性有很大的差異。所有蝙蝠物種中，有74％以昆蟲及蜘蛛為主食；23％以果實、花蜜等植物為主食。許多雜食性蝙蝠會吃昆蟲也會吃水果，而會捕食脊椎動物的肉食性蝙蝠僅占所有蝙蝠的3％。其中，以血液為主食的蝙蝠僅分布於美洲的3種。

幾乎所有蝙蝠都是夜行性動物。蝙蝠從約5400萬年前就是夜行性動物了，一個可信度較高的假說認為是為了避免與鳥競爭獵物，或者避免成為鳥的獵物。另外，蝙蝠的回聲定位能力（echolocation）能透過聲音或超音波照射周圍的物體，再聆聽反射的回聲，判斷出物體與自己的距離、方向、物體形狀的能力，如此便能在黑暗中正確掌握環境狀況，進行飛行或捕獵。不過，狐蝠類（略少於200種）大多沒有回聲定位能力。哺乳類中除了蝙蝠之外，鯨豚也有回聲定位能力。

蝙蝠長壽的原因

不同種類的蝙蝠，壽命有很大的差異。適應都會環境，以人類居住的房子為巢的東亞家蝠相對短命，壽命最長僅3～5年。另一方面，住在森林、以洞穴為巢的馬鐵菊頭蝠，則有個體的壽命達30.5年。

一般蝙蝠的壽命，是其他不會飛翔之相同大小哺乳類動物的3.5倍左右。因為蝙蝠為夜行性動物，又有飛行能力，遭到捕食的風險較低，所以繁殖速度不需那麼快。已知某些長壽蝙蝠的「端粒」（telomere）長度不容易縮短。端粒為染色體末端的結構，縮短則會讓細胞劣化。另外，在洞窟中生活的馬鐵菊頭蝠可透過冬眠抑制代謝作用，這應該也是其長壽的原因。

多種病毒的宿主

蝙蝠為多種病毒的宿主，是許多人獸共通傳染病的來源。亨德拉病毒、立百病毒、伊波拉病毒、日本腦炎病毒、狂犬病病毒等，皆以蝙蝠為自然宿主。分布於寮國的馬鐵菊頭蝠身上，亦曾檢出序列與新冠肺炎病毒「SARS-CoV-2」95％以上一致的冠狀病毒。

有研究指出，蝙蝠之所以是多種病毒的自然宿主，是因為蝙蝠對病毒的抵抗力很高，體內干擾素（體內製造，可抑制病毒感染、增殖的蛋白質）含量高，即使感染病毒也不容易發病。

蝙蝠的身體結構

以下將介紹為了飛翔而演化出皮膜的蝙蝠，還有哪些特殊的身體結構。

普通長耳蝠的耳朵
回聲定位的物種均擁有可動性很高的耳殼。另一方面，以水果為主食的狐蝠多仰賴視覺進行目視飛行，耳朵相對較小。

耳珠
外耳主要由耳殼與耳珠構成。耳珠為外耳道前方的皮膚突出，目前還不曉得其功能，可能與障礙物或獵物的垂直方向定位有關。

鼻
能回聲定位的蝙蝠中，由鼻子發出聲波的物種有鼻葉（也有例外）。鼻葉的微小振動，可以調節聲波的方向。

第一指
從根部到末端有大幅度彎曲，形成鉤爪般結構。排泄時，會用這個鉤爪吊著身體，使下半身自然垂下。

馬鐵菊頭蝠

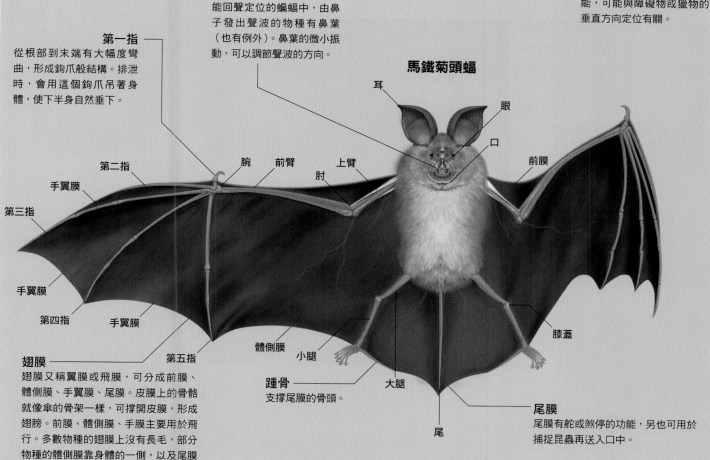

耳　眼　口　前膜

第二指　腕　前臂　上臂　肘

手翼膜

第三指

手翼膜

第四指　手翼膜

第五指

體側膜　小腿　大腿

膝蓋

翅膜
翅膜又稱翼膜或飛膜，可分成前膜、體側膜、手翼膜、尾膜。皮膜上的骨骼就像傘的骨架一樣，可撐開皮膜，形成翅膀。前膜、體側膜、手膜主要用於飛行。多數物種的翅膜上沒有長毛，部分物種的體側膜靠身體的一側，以及尾膜上有長毛。

跟骨
支撐尾膜的骨頭。

尾

尾膜
尾膜有舵或煞停的功能，另也可用於捕捉昆蟲再送入口中。

蝙蝠的生產與育幼

左方照片為林奈短尾葉鼻蝠（*Carollia perspicillata*）的哺乳情況。這種蝙蝠在1～3歲左右開始生產。生產主要在白天時進行，會用後腳吊著身體生產子代。與其他大小相仿的哺乳類相比，子代體型比較大，約在出生1個月後斷乳，獨立生活。

由口或鼻發出訊號，再由耳朵接收訊號的回聲定位

蝙蝠（狐蝠除外）可用喉（口）或鼻生成短脈衝超音波（12～200 kHz），往周圍釋放，接著用耳朵接收反射的聲波，測量自己與獵物的距離或方向，掌握獵物的正確大小與形狀。因此，如果遮住蝙蝠的耳朵，蝙蝠便無法飛行。有些蝙蝠的聲音脈衝為音域很廣的調頻音（FM），有些會使用頻率保持一定的定頻音（CF），有些則是兩者都會使用。低頻超音波可抵達遠處，卻「聽」不到微小的物體。若需在障礙物多的地方覓食，就會使用高頻超音波，譬如在森林中靈活飛動、捕捉昆蟲的蝙蝠。

葛氏矛吻蝠

學名： *Mimon bennettii*

葉口蝠類的成員，分布於中美洲與南美洲，食性多樣。鼻葉像鏟子一樣形狀尖尖的，會發出短而寬頻帶的FM聲音，並擺動巨大的耳朵，接收反射的回聲以尋找獵物。

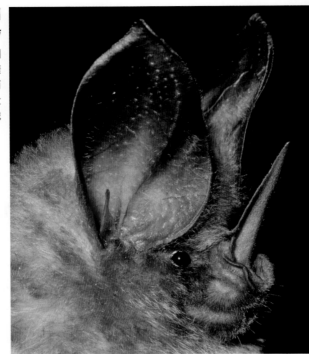

東南亞蹄蝠　　學名：*Hipposideros armiger*

分布於東南亞、南亞的熱帶與亞熱帶地區。翼展可達40～50公分，體型大、性格暴躁。有複雜的鼻葉，會發出CF-FM型（CF型與FM型分開來使用）的超音波以捕食昆蟲。

吸食哺乳類血液的蝙蝠 吸血蝠　　學名：*Desmodus rotundus*

分布於美洲，體長約7～8公分。會吸食哺乳類（主要是牛或豬等家畜）血液的蝙蝠，只有吸血蝠這個物種。因為僅以血液為食，所以基因體與腸內微生物的種類也有很大的變化，演化成了獨特的樣子。吸血蝠會用銳利的牙齒劃傷睡眠中的獵物，舔食傷口滲出的血液。吸血蝠的族群中，常有許多雌性個體共同生活。如果吸血蝠連續兩天沒有進食的話就會餓死，所以有吸到血的個體會把血反吐出來，分給沒有吸到血的個體。這種行為是為了讓自己在未來也能得到其他個體幫助，稱作「互惠利他行為」。近年來，因為人類居住地擴大、野生動物減少，人類被吸血蝙蝠襲擊的事件也逐漸增加。蝙蝠是狂犬病的自然宿主，被吸血的人類可能會感染到狂犬病。吸血蝠也擅長步行，有時候會看到牠們在地上步行移動。

捨棄天空的鳥類
為什麼選擇在大地奔馳或潛入海洋？

說到「不會飛的鳥」，你會想到哪些呢？第一個會想到的應該是鴕鳥或企鵝吧。事實上，鴨類、鸚鵡類中有不少物種不會飛，早期的雀類、鴿類也有不會飛的物種。這些鳥為什麼失去了飛行能力呢？以提出「演化論」的達爾文為首，許多著名的科學家都曾試圖回答過這個問題。讓我們來看看不會飛的鳥類的演化故事。

協助

松岡廣繁 日本京都大學 理學研究科 地球行星科學研究所 地質學礦物學領域 助理教授

安藤達郎 日本足寄動物化石博物館 館長

不飛的鳥、不會飛的鳥

這裡列出了五種在某些原因下「捨棄天空」的鳥。縮小比例大致相同。

將奔馳能力發揮到極致 —— 鴕鳥

雖然不會飛，卻能以時速70公里的速度奔馳。成功大型化，是現生最大鳥類。從地面到頭頂的高度超過 2 公尺，體重超過145公斤。

從森林到莽原 —— 蛇鷲

可以飛到3000公尺的高空，但平常會在莽原漫步，不太會主動飛行。發現蛇或老鼠等獵物時，會將其踢昏再加以捕捉。

進入海中 —— 皇帝企鵝

可潛到水深200公尺以下的深海，最深可到水深500公尺處。

體重過重 —— 雞

家雞的體重約2～3公斤，飛不起來。野化的雞可飛到10公尺以上的高度。

生存於夜晚的森林 —— 幾維鳥

分類群與鴕鳥相同為不會飛的鳥。夜行性。鳥喙末端有鼻孔，擁有優異的嗅覺，可嗅出地下的蚯蚓等獵物並捕食。翅膀有骨頭，但翅膀很短。

註：鳥類的「全長」一般指的是「從鳥喙末端到尾羽末端」。本文展示的基本上是成鳥的全長。因為測量全長時需把頸部骨頭拉直，呈現出相當「不自然」的姿勢，所以得到的長度可能會與一般印象中的長度有很大的差異。

現生鳥類約有1萬種，其中約有60種不會飛。若是追溯這些鳥類的演化過程，可以知道牠們都是由會飛的共同祖先演化而來，換言之，那些鳥的祖先是會飛的。

鴕鳥的「胸」是平的

鳥類的身體演化出了特殊結構，使其能在空中飛行。首先最重要的「翅膀」，擁有流線型的剖面，可以讓風的阻力降至最低，並產生升力讓身體飛起來。鳥類翅膀上的「飛羽」，外觀就像一柄長刀。骨頭幾乎為中空，以減輕重量，空洞內則有許多柱狀結構彼此交叉，以保持骨頭強度（鳥類身體結構請參考第10～11頁）。

另外，鳥類用於控制上臂內側移動的肌肉，相當於人類的「胸大肌」（即雞胸肉的主要部分），相當發達壯碩。胸大肌的收縮可將翅膀用力往下拍動，獲得升力與推進力，得以在天空中自由飛舞。而往上舉起翅膀時，收縮的是位於胸大肌靠內臟一側的「喙上肌」。

那麼，不會飛與會飛的鳥有什麼差別呢？較大的差別是胸大肌與喙上肌固定在胸骨（包覆腹部的骨頭）的那端，是否有「龍骨突起」這個結構（右方照片的最上列）。會飛的鳥都有龍骨突起，無一例外。突起的程度越大，能固定越大的胸大肌。不過像是鴕鳥、幾維鳥等「走禽類」，胸骨上就沒有龍骨突起，而是一片平坦，飛羽形狀也難以產生升力（右方照片的中間列）。

不會飛的鳥的三個特徵

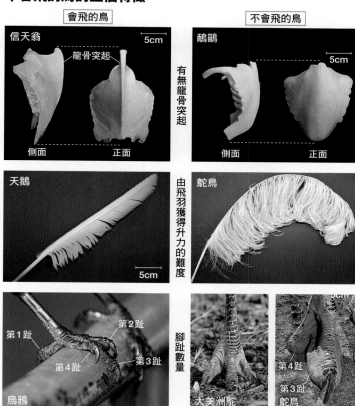

【上列】信天翁等會飛的鳥之胸骨上，有個明顯的「龍骨突起」。龍骨突起是拍動翅膀時必須用到的肌肉附著的位置。鶆䴈等不會飛的鳥，胸骨則沒有龍骨突起，而是一片平坦。（標本提供：松岡廣繁）

【中列】天鵝的飛羽彈力優異，可保持刀子般的形狀。即使只有一根羽毛也能產生升力。相對於此，鴕鳥的飛羽相當柔軟，無法產生升力。（標本提供：我孫子市鳥的博物館）

【下列】烏鴉等會飛的鳥基本上有4根腳趾（相當於拇指的第1趾位於後方，相當於食指到無名指的第2～4趾在前方）。另一方面，走禽類的大美洲鴕有3根腳趾（無第1趾），鴕鳥則只有2根腳趾（無第1趾與第2趾）。

靠「第三趾與第四趾」奔跑、巨型化

走禽類是不會飛的鳥類代表。作為飛行能力的交換，走禽類獲得了許多「特殊能力」。

現生走禽類大致上可以分成四群，分別棲息於不同的大陸（參考第29頁的插圖）：①非洲的鴕鳥、②南美洲的大美洲鴕、③紐西蘭各島的幾維鳥、④澳洲與新幾內亞島的鶆䴈與南方鶴鴕等。

失去飛行能力的走禽類，獲得了「飛毛腿」。鳥類的腳趾基本上為適合抓握樹枝的4根，不過在走禽類適應地上生活的過程中，腳趾數逐漸減少，譬如鶆䴈有3根腳趾，鴕鳥則只有2根腳趾（第27頁照片下列）。特別是奔馳能力優異的鴕鳥，腳演化成與馬類似的樣子。鴕鳥與馬在奔馳時，幾乎只靠腳的第3趾支撐體重，可跑出60～70公里的時速。

除了全身覆蓋著蓬鬆雜亂的毛、體態渾圓、全長不到50公分的幾維鳥之外，大部分走禽類都很大隻。走禽類是捨棄了天空而換來「巨型化」的鳥類。鴕鳥的頭頂距離地面2公尺以上，是現生最大鳥類。再來是頭頂距離地面190公分的鶓鶓，以及頭頂距離地面170公分的大美洲鴕。在1600年左右滅絕的走禽類中，還有體型更大的物種。譬如生存於非洲東側馬達加斯加島的象鳥，頭頂與地面距離近3公尺；生存於紐西蘭的恐鳥類，頭頂與地面距離超過3公尺，十分驚人（參考右頁插圖）。

對鳥來說「不需要飛就不飛」

除了走禽類之外，現生不會飛的鳥、已滅絕不會飛的鳥可說是不勝枚舉（參考下方照片與插圖），且這些鳥所屬的分類群十分多樣。為什麼有那麼多種鳥類不再飛行了呢？

有飛行能力的話，容易逃離天敵追捕，還可輕易翻越大海與高山，尋找食物與繁殖地點，這些都是很棒的優點。但鳥要維持飛行能力，需付出非常大的代價。

舉例來說，包括胸大肌在內，與飛行有關的肌肉群占了全身體重的30～40%。現生會飛的鳥體重幾乎都在1公斤以下，這些鳥不僅要維持很大的肌肉，還有嚴格的「體重限制」。此外，鳥的飛羽每年會更換一次，需耗費大量能量，才能每年長出新的羽毛。身為鳥類古生物學專家，日本京都大學的松岡廣繁助理教授認為：「對鳥來說『如果不需要飛，那就乾脆不飛』。」

哪些狀況不需要飛呢？譬如移居到沒有掠食者的島嶼，生存難度就降低了。下方照片與插圖中的鳥類即為例子，棲息地包括紐西蘭周圍島嶼、福克蘭群島（馬島）、羅德里格斯島等，都是島嶼。

而不再飛行的鳥，一般來說會越來越大、越來越重。譬如世界上唯一不會飛的鸚鵡「鴞鸚鵡」，體重達4公斤，是世界上最重的鸚鵡。

不會飛的鳥類多為鶴或鴨的近親，為什麼呢？

不會飛的鳥類多為「秧雞類」

各種不會飛的鳥類

鳥的多個子類群中都有不會飛的物種。上列照片為現生種，下列插圖為滅絕種。

鸚鵡類的「鴞鸚鵡」
全長60公分，體重達4公斤的夜行性鸚鵡，照片中為「防禦姿態」。分布於紐西蘭的兩個島嶼，2012年初僅存約126隻，被列為瀕危物種。隨著復育成功，2020年已提升至210隻。

鴨類的「短翅船鴨」
全長為65公分左右，體重為3～4公斤。分布於福克蘭（馬維納斯）群島。腳與翅膀可以像汽船的外輪（槳）一樣轉動，讓在水面上的身體前進。

雀類的「史蒂芬島異鷯」
全長10公分左右。1894年，一隻紐西蘭史蒂芬島的貓抓到了這種鳥，被認為是「新種」。不過除了在數個月後同隻貓抓到的個體之外，再也沒人目擊過。

鴿類的「羅德里格斯度度鳥」
全長略小於1公尺。分布於馬達加斯加島東方的印度洋孤島：羅德里格斯島。已於1791年滅絕。曾作為食用。

（鶴的近親，如山原秧雞）或「鴨類」，其中又以秧雞類特別多。若現生種與滅絕種一併納入考慮，則有四分之一以上，或者說60種以上的秧雞不會飛。同樣是秧雞，也可分成會飛的秧雞與不會飛的秧雞。另一方面，雉類與雀類則幾乎沒有不會飛的物種。

為什麼秧雞類與鴨類的成員之中，許多物種不會飛呢？這和胚胎的發育過程有關。這個謎團也和不會飛的鳥起源密切相關。

事實上，秧雞與鴨的胚胎在卵中發育時，胸骨（龍骨突起所在的骨頭）的成形時間較晚。有些物種甚至是在孵化後，胸骨才開始從軟骨轉變成硬骨。相對地，雉類與雀類的胸骨成形時間就很早。如果秧雞或鴨在孵化後因為發育緩慢，使胸骨未能發育成形，個體就不會飛。一般來說，不會飛的個體會被淘汰。但如果不會飛也能生存的話，就能「節省」讓胸骨發育完成所需的能量，並朝著這個方向演化。

事實上，不會飛的秧雞成鳥的龍骨突起形狀，與會飛的鳥的幼鳥龍骨突起相似。也就是說，不會飛的鳥，就像是會飛的鳥在學會飛之前，胸骨便停止發育，保持幼鳥的形態長大。這種現象稱為「幼形遺留」（paedomorphosis）。

移居到島嶼的秧雞，因幼形遺留而演化成「不會飛的秧雞」。有人認為這個過程只要1000世代左右便可完成。就動物特徵（性狀）的演化而言，時間非常短。

走禽類的祖先會在島與大陸之間飛行、游渡嗎？

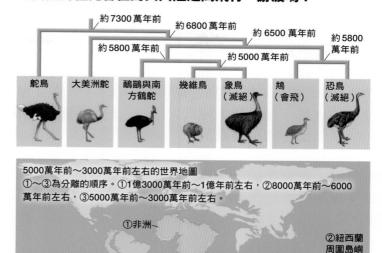

上列為基於DNA分析結果繪製的演化分歧年代與親緣關係。已滅絕的象鳥與恐鳥的DNA，分別從牠們的骨頭採集。下列為5000萬年前～3000萬年前左右的世界地圖。當時，南極洲與南美洲、澳洲距離很近，沒有像今天那麼冷。各種鳥的背景顏色與棲息地的島嶼、大陸顏色對應。

由分析結果可以知道，某些物種的棲息地距離很遠，親緣關係卻很接近。舉例來說，與紐西蘭的幾維鳥親緣關係最接近的是馬達加斯加島的象鳥。在這兩個物種分歧演化以前，紐西蘭與馬達加斯加已是島嶼，所以走禽鳥的祖先或許能靠飛行或游泳，在各島嶼之間來去。另一方面，特定走禽類的棲息地常限定於特定島嶼或特定大陸。因此，南半球的大陸、各島嶼分離後，走禽鳥的祖先便孤立於各島嶼、大陸，後來可能各自演化成了不同的物種。

參考資料：始新世的地圖（Colorado Plateau Geosystems, Inc.）、《Science》（Vol. 344, no. 6186, pp. 898-900, 23 MAY 2014）、《祖先的故事》（理查·道金斯）

19世紀以來，爭論不休的「走禽類演化」之謎

一般認為鴕鳥等走禽類是因為幼形遺留而變得不會飛。重心靠向尾端的體型、相對體型而言小很多的翅膀等，許多特徵都和幼鳥很像。

事實上，走禽類的演化史可以說是鳥的分類學中「19世紀最大的難題」。從1860年代以來，近代演化論的鼻祖達爾文（Charles Darwin，1809～1882）、達爾文的主要支持者，認為人與猿猴有共同祖先的赫胥黎（Thomas Huxley，1825～1895）、催生「恐龍」（dinosaur）一詞的歐文爵士（Richard Owen，1804～1892）等著名自然科學家之間一直爭論不休。

之所以那麼複雜，「鷸鴕」是其中一個原因。鷸鴕類是僅分布於南美洲的種群，共有45～50個物種，為現生鳥類中，唯一上顎（口腔頂部）結構與走禽類相似的物種。但另一方面，鷸鴕胸骨的龍骨突起與走禽類有很大的差異，可以飛行100公尺

左右。鵎與走禽類的親緣關係有多種可能。

近年來的DNA分析結果顯示，相較與其他鳥類的親緣關係，鵎類與走禽類之間的親緣關係可能比較近（參考前頁上方的插圖）。那麼，是不是就像不會飛的秧雞一樣，原本會飛的鵎類演化出各種不會飛的走禽類呢？其中的關係似乎沒有那麼單純，走禽類的演化可能需要考慮到「大陸漂移」這個重要因素。

紐西蘭與馬達加斯加的物種為近親？

距今約1億5000萬年前，南半球的大陸、島嶼全部連成一片超大陸（supercontinent），稱之為「岡瓦納古陸」（Gondwana）。而在1億3000萬年前～1億年前左右，岡瓦納古陸與馬達加斯加島分離。到了8000萬年前～6000萬年前左右，紐西蘭分離了出來。而在5000萬年前～3000萬年前左右，分離出了澳洲、南極洲、南美洲。

對照大陸的移動歷史與DNA分析結果，可以得到一些出人意料的事實。棲息於馬達加斯加島並巨型化的象鳥，與棲息於遠方紐西蘭周圍島嶼的小型幾維鳥，為彼此親緣關係最近的走禽類。然而，馬達加斯加島在1億年前分離、紐西蘭各島嶼在6000萬年前形成，象鳥與幾維鳥的分歧演化時間點卻在5000萬年前，比島嶼形成時間還晚。這只能用「走禽類祖先可藉由飛行、游泳，在各島間來回移動」來說明。

1. 不會潛水的水鳥
第一階段。類似現生鸌類的鳥。

有利於飛翔的長翅膀

2. 可在空中飛行，也會潛水的水鳥
第二階段。類似現生海鴉的鳥。

飛翔時

潛水時
看起來像是摺起翅膀。

3a. 不會飛的最古老企鵝「威馬奴企鵝」
第三階段。生存於約6000萬年前左右，分布於南半球。紐西蘭有挖掘出化石。全長約90公分，名稱意為「水鳥」（wai：水，manu：鳥）。

浮在水面的狀態

骨頭比重較大，與現生企鵝相仿，增加身體沉入水中的比例。

潛水時

長且直的喙

相當於手腕的關節

看似在海中「飛行」的企鵝演化過程

企鵝特化成潛水動物的過程，大致上可以分成三個階段，依序為「可在空中飛行，卻不會潛水（1）」→「可在空中飛行，也會潛水（2）」→「不會飛，卻會潛水（3a～3c）」。至今我們在南美與紐西蘭發現了50種以上已滅絕企鵝的化石，皆為第三階段的物種。

企鵝特化成潛水動物時，翅膀與鳥喙也跟著演化。相對於體型，翅膀變得比較短，手腕彎曲的程度減少（3a與3b）。現生企鵝（3c）的翅膀稱作「鰭肢」，就像一片短短的板子一樣，在水中划動時可有效率地獲得推進力。另外，在2000萬年前左右，有些企鵝擁有長筷般的細長鳥喙，可用於捕食較大的魚或烏賊（3a與3b）。後來也出現以小小的磷蝦為食，鳥喙粗短的企鵝，現生企鵝多屬於這種形態（3c）。

另一方面，現生走禽類的棲息地分散於各個大陸與島嶼，所以也有人認為走禽類的祖先在各大陸或島嶼與其他陸地斷絕聯繫後，各自透過幼形遺留，演化成不會飛的樣子。從達爾文時代就開始的爭論，至今仍未獲得結論。

不能在空中飛，卻能在水中「飛」的鳥 —— 企鵝

走禽類祖先約在6600萬年前分歧演化出來，差不多在同一時間，某些鳥捨棄了天空，進入海中，那就是企鵝類的祖先（下方插圖）。

與翅膀「退化」的走禽類不同，企鵝是「翅膀進化後失去飛行能力的鳥」。企鵝運用鳥在空氣飛翔時獲得升力的原理，在水中獲得升力，並藉此在水中自由移動。所以也可以說企鵝「在水中飛行」。

水的重量（密度）是空氣的800倍。為了在這樣的流體中移動，企鵝的翅膀變得更短、骨骼變得更寬，演化出堅硬的「鰭肢」結構。而且因其胸骨與龍骨突起變得更發達，拍動翅膀時會用到的胸大肌變得更大，以提升「在水中飛行」的能力。

另外，企鵝用以舉起翅膀的喙上肌，比其他會飛的鳥大上許多。另一方面，用以彎曲肘關節的二頭肌（就是人類彎起手臂時會隆起的肌肉）等多種肌肉消失，或者只留下痕跡。研究企鵝演化史的日本足寄動物化石博物館安藤達郎館長認為，這些差別是因為「企鵝舉起翅膀時，也能獲得很大的推

不是用翅膀，而是用腳來潛水

鸕鷀類與企鵝類在演化上的親緣關係較遠，不過兩者都特化成適合潛水的樣子。相對於企鵝靠鰭狀的翅膀（鰭肢）獲得推進力，鸕鷀則靠腳獲得推進力。鸕鷀類成員中，也有不少物種演化成大型且不會飛的鳥。

參考書籍：《為什麼企鵝不會飛？》（綿貫豐）

飛翔時

可在空中飛行，也會潛水的鸕鷀（上、中）
包括普通鸕鷀、丹氏鸕鷀等。生活在南極海域的藍眼鸕鷀（插圖）有著類似企鵝的黑白色外觀。

用腳划水

潛水時

翅膀貼在身體上

不會飛的鸕鷀（下）
現生鸕鷀中僅難飛鸕鷀（插圖）不會飛。牠們的體重達3～4公斤，是最重的鸕鷀。

3b. 大型企鵝類（厚企鵝）
生存於約3500萬年前的南半球，於紐西蘭發現化石。推測其全長為160～170公分，體重可達70～80公斤。屬名 *Pachydyptes* 意為「（翅膀）很厚的潛水員」（*pachy*：厚的，*dyptes*：潛水員）。

又厚又短的翅膀

又長又直的鳥喙

身高約160公分左右的女性（用於比較大小）

鰭肢

3c. 現生企鵝
現生最大（全長略小於100公分）的企鵝為皇帝企鵝。擁有很強的潛水能力。

又粗又短的鳥喙

不會飛的鳥因人類而陸續滅絕

【左】分布於馬達加斯加島的「巨型象鳥」被持有武器的人類獵殺，於1600年滅絕。其學名*Aepyornis maximus*意為「最高的鳥」，但實際上最高的鳥並不是牠（3公尺），而是一種恐鳥（3.6公尺）。巨型象鳥擁有像大象般的粗壯雙腳，跑得卻不快。推論其體重可達450公斤。

【左下】棲息於北大西洋的「大海雀」。身高為80公分，體重達5公斤。集體繁殖。在陸地上的行動緩慢，人們會為了肉、蛋、羽毛而狩獵牠們。在1500年代～1700年代數量遽減，於1844年滅絕。

【右下】模里西斯島的「度度鳥」，為巨大的鴿類成員。全長為1公尺，最重時期的體重可達20公斤。名稱可能來自其叫聲。人類會獵捕作為食物，於1681年滅絕。

進力，故與在空中飛行的鳥類相比，這些肌肉相對重要」。

鳥類曾數度入海

進入水中的鳥類不是只有企鵝。相對於在南半球大量繁衍的企鵝，與企鵝相似的泳翼鳥類與不會飛的海鴉類，曾在北半球大量繁衍。

另外，在日本以鸕鷀捕魚著名的鸕鷀類成員也能潛入水中，捕捉魚類。但潛水時不會使用翅膀，而是使用「鰭足」（參考第31頁右側插圖）。在1億年前～6600萬年前左右，用腳潛水且不會飛的海鳥「黃昏鳥」曾大量繁衍。鳥類其實曾多次進入海中討生活。

鳥類適應水中生活的過程大致上可以分成三個階段（參考第30～31頁下方的插圖）。以前的科學家認為「在地面上生活的鳥，在演化過程中潛入水中」，或者是「原本會飛的鳥在陸地上生活後變得不會飛，再到海中討生活」，不過現在的主流意見認為「原本會飛的鳥，演化過程中分歧出會飛也會潛水的海鳥，後來有些物種則不再飛行」。分子生物學的證據也顯示，與企鵝親緣關係最近的鳥是鸌，這可以支持企鵝是由在天空飛行的海鳥演化而來的推論。

如果會飛也會潛水的話，可以潛入水中移動到遠方，逃離天敵的追捕。但在天空中飛行的能力為什麼會消失呢？

長長的翅膀有利於飛行，但在水中卻會產生很大的阻力，不利於生存，進而限制體重與體型大小。另一方面，翅膀短、體型大的個體，潛水時間較長，有利於覓食。安藤館長認為：「潛水特化與維持飛翔能力皆有其得失。當兩者平衡往潛水端傾斜時，便可能會失去飛翔能力。」

就企鵝來說，以恐龍滅絕事件，即約6600萬年前的「白堊紀末大滅絕」為契機，企鵝的潛水能力與飛行能力平衡可能出現了變化。白堊紀末，全長可達17公尺的滄龍等海生爬行類滅絕，龜類的數量遽減。海中的掠食者與競爭對手大量減少，或許有利於企鵝祖先往潛水方向演化。安藤館長說：「如果在白堊紀地層發現『能在天空飛行的企鵝』化石，就能證明這個假說」。

不會飛的鳥瀕臨滅絕危機

看到這裡應該會發現，文章中提到各種不會飛的鳥，許多都是瀕危或滅絕物種。不會飛的鳥在沒有敵人與競爭對手的「樂園」中誕生並繁衍。但後來人類侵入樂園，還帶來了貓與其他會捕食鳥的動物，使許多不會飛的鳥加速滅絕（參考左頁插圖）。

舉例來說，在《哆啦A夢》中登場的恐鳥，就被1200年代時抵達紐西蘭的玻里尼西亞人獵捕來當作食物，導致恐鳥滅絕。後來的研究者發現，恐鳥的蛋長達24公分，相當於3顆鴕鳥蛋，或是90顆雞蛋。

1600年以後的「大航海時代」，歐洲的冒險者乘船抵達全球各地，加速了這些動物的滅絕。馬達加斯加島東方的模里西斯島原本是度度鳥的棲息地，但在1507年歐洲人發現這個島後不到200年，度度鳥就在1681年滅絕。

在人類有歷史以前，就有許多動物因人類而滅絕。包含關島在內，太平洋上有超過2萬個島嶼。有人認為，以前每個島嶼都有1～2種不會飛的秧雞棲息。約1萬1000年前至今，太平洋島嶼的自然環境並沒有太大的變動，但在5000年前～1000年前，人類大肆擴張、移居。由化石與貝塚的調查結果可以推論得知，在人類進入這些地方以前，當地的鳥類數量是現在的2～5倍。

松岡助理教授說道：「許多不會飛的鳥都已滅絕。考慮到這點，我覺得現在不會飛的鳥仍未滅絕可以說是『奇蹟』。」在近6600萬年以上的地球生命史中，誕生了奇蹟般的故事，那就是不會飛的鳥的演化故事。

🪐

2 真的很厲害！水中泳動生物的祕密

水 中住著多采多姿的動物，有很小的魚，也有像鯨那麼巨大的哺乳類。第2章將介紹水中生物的生態與身體結構。翻車魚不擅長游泳嗎？鯨屬於哺乳類，為什麼會潛入深海呢？水母為什麼要持續開闔圓傘狀的身體呢？

協助　窪寺恒己／三宅裕志／澤井悦郎／田中 彰／加藤秀弘

會發光又會飛！技能多樣的烏賊
頭上的腕足與複雜的腦讓牠成為海中贏家

烏賊廣泛分布於全球各地海洋，從熱帶到極地，從淺海到深海都可見其蹤影。而且不同種的烏賊，大小落差也很大，有的僅數公分大，有的卻是世界上最大的無脊椎動物，也就是大王烏賊。在演化的歷史上，烏賊是相當成功的生物。以下就來介紹烏賊的特殊而奇妙生態。

協助 ┊ 窪寺恒己 日本國立科學博物館 名譽研究員、日本水中影像學術顧問

烏賊與章魚的「兄弟」、鸚鵡螺的「親戚」

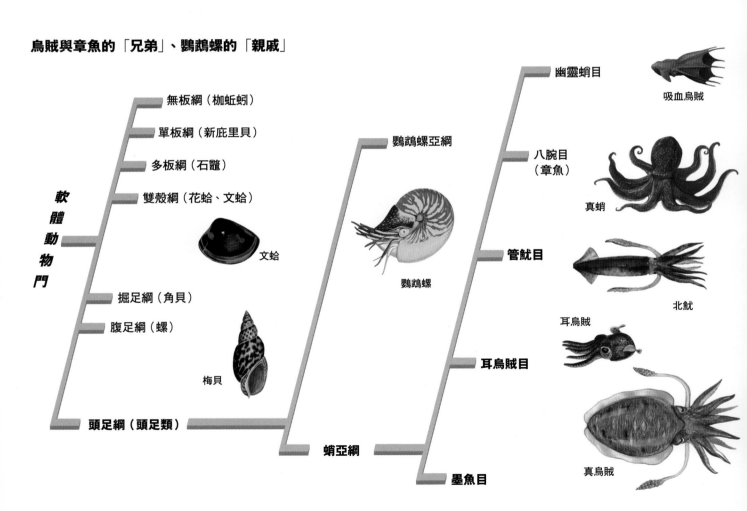

軟體動物的分類（僅現生種）。烏賊與章魚皆屬於頭上長有腕足的「頭足綱」（頭足類）。一般認為軟體動物由外表有殼的生物（類似雙殼貝、螺等）演化而成。頭足類的身體外側沒有殼，不過系統分類學上與螺類生物親緣關係較近。

烏賊體內潛藏的神奇能力

若是問哪一種動物與烏賊最接近，應該會先想到章魚吧。烏賊與章魚的親緣關係確實非常近，都會從頭部的口的周圍伸出腕足，同屬於「頭足類」（章魚相關介紹請參考第42～45頁）。

烏賊與章魚是由二枚貝或螺類分歧演化出來的生物，捨棄厚重的外殼，獲得優異的運動能力，能在水中敏捷泳動。有活化石之稱的「鸚鵡螺」，以及已滅絕的「菊石」皆為頭足類，可以說是烏賊與章魚的「親戚」。

現在的烏賊身上仍有殼的痕跡。管魷身上的幾丁質軟殼、墨魚身上的石灰質內殼（中藥名為「海螵蛸」），就是殼的痕跡（參考第40頁）。二枚貝與螺的殼在身體外側，功能是保護身體。烏賊類的殼則在身體內側，比起保護，功能比較像是補強柔軟的身體。

墨魚的內殼也有增加浮力的功能。內部有許多細小的隔室，隔室內的氣體可增加浮力，所以墨魚死亡後會浮在海面上。另一方面，北魷、槍魷等管魷類，則透過噴水的方式浮在水中（泳動），死亡後便無法產生浮力，而是沉在海底。

烏賊是演化的贏家！

目前全世界約共有450種烏賊，於極地到熱帶、淺海到深海，許多海洋都能看到烏賊。不過烏賊只能生活在海水中，並沒有淡水烏賊。另一方面，海中魚類約有4萬種。雖然烏賊種數只有魚類的約90分之1，卻在各海洋大量繁殖。

日本頭足類專家窪寺恒己博士（國立科學博物館名譽研究員）說：「烏賊的物種數雖然少，卻繁衍出如此多的個體，與其特殊的身體結構及生態有關，特別是『食物範圍很廣』以及『發達的神經系統』這兩點。」

烏賊為肉食性動物，食物包括大大小小的生物。譬如北魷能以小型浮游動物為食，也能以體型與自身大小差不多的魚類、蝦子為食。烏賊會用長長的腕足抓住大型獵物，然後一點一點地啃咬吞下，所以獵物不會受到嘴巴大小的限制。另一方面，魚類基本上沒辦法吃比自己嘴巴還要大的生物。

獵物大小不限，就表示捕捉到獵物的機會變得更大。因此，烏賊的成長速度非常快。舉例來說，北魷、槍魷在出生時只有數毫米到1公分左右，一年後便能長到30～40公分。

另外，烏賊為了捕捉獵物而特化的兩根觸腕，以及可以噴射水柱的漏斗管，使其擁有很好的運動能力，有助於成長。

頭腦聰明、視力也很好的烏賊

烏賊之所以能大量繁衍，還有另一個原因就是「發達的神經系統」。烏賊神經系統的發達程度遠勝過其他無脊椎動物，腦的大小甚至不比脊椎動物的魚類還要差。

烏賊負責運動與視覺的神經又特別發達。神經不僅延伸到10隻腕足的末端，窪寺博士說：「神經甚至還延伸到各個吸盤。」

烏賊腦中負責視覺的神經占比最高。烏賊的眼睛十分發達，內有角膜、水晶體、視網膜，結構與人類眼睛幾乎相同。視野非常廣（幾乎達到180度），視網膜上的視細胞對在海水中最容易傳播的藍光、綠光敏感度最高。視力好有利於烏賊尋找食物並發現靠近的天敵。

烏賊擁有非常粗的神經細胞，其直徑達1毫米的巨大神經細胞在操作上相當方便，所以神經科學實驗常用來做實驗。英國生物學家霍奇金（Alan Hodgkin，1914～1998）曾用烏賊的神經細胞做實驗，瞭解到神經細胞傳遞電訊號的機制，並以此獲得1963年的諾貝爾生理醫學獎。

變身！發光！在空中飛！

烏賊身體表面有「色素細胞」。色素細胞內有袋狀結構，內含色素。肌肉的運動可迅速調整這些袋狀結構的大小，使外觀上的顏色濃淡跟著改變。色素細胞有黑、紅、橙、黃、藍等多種顏色。烏賊可快速改變色素細胞的大小，瞬間改變體表顏色。

烏賊改變體色通常是為了融入周圍環境，讓天敵找不到自己。在遠洋生活的烏賊，通常背側（靠海面側）顏色較濃，腹側（靠海底側）顏色較淡。這麼一來，不管是從上往下看，還是從下往上看，都能融入背景，讓其他動物難以發現。而在珊瑚礁等背景顏色複雜的沿岸地區，烏賊的體色變化也比較複雜。另外，在被天敵襲擊時、興奮時，或者雄性向雌性求愛時，烏賊也會改變體色。

烏賊不只會改變體色，還會

發光。450種烏賊中約有45%的物種身上有某種發光器官。會發光的烏賊中，日本人最熟悉的應該是螢烏賊（管魷類）。螢烏賊的腹側密集分布著近1000個發光器官。漁民以漁網捕撈起大量會發光的螢烏賊，是日本富山灣的春天風情。發光的目的與改變體色一樣，都是為了消除影子，使其較不容易被發現。

生活在溫暖海域的南魷（管魷類）在快被天敵抓到，或碰上其他緊急情況時，會飛出海面，在海面上滑翔。如右頁照片般，腕足能像翅膀一樣展開，有時可以滑翔近50公尺。

撕裂對方的身體，將精子送入

烏賊的繁殖方式也相當特殊。烏賊交配嚴格上來說稱為「交接」（參考下方圖Ａ）。一般動物的交配中，雄性會用生殖器將精子送入雌性體內。但雄烏賊會將含有精子的細長囊狀結構（精莢）「親手拿給」雌性。雄性烏賊腹側第４腕足的左邊或右邊（或者兩邊）末端無吸盤，方便抓取精莢。

精莢末端有「發射裝置」（參考下方圖Ｂ）。雄性會將精莢末端壓向雌性，這個衝擊會觸發有彈簧結構的發射裝置，使成塊的精子從精莢中射出，衝入雌性體內。人們食用新鮮的雄性烏賊時，偶爾會感覺到精莢在口中射出精子。若聚集成塊的精子在口中射出，可能會非常痛。

墨魚或槍魷的雌性個體會在即將產卵時，從雄性那裡取得精子。北魷的雌性個體則會在產卵的數個月前取得精子。雌性預先在性成熟之前取得精子，那麼當性成熟時，就算雄性不在場也能產卵。

多數物種的雌性「輸卵管」（讓卵通過的管子）開口在口部周圍或身體內部，雌性個體需由輸卵管開口接受精子。有些烏賊的交接過程十分「激烈」，雄性會撕裂雌性的身體（外套膜），再將聚集成塊的精子硬塞進傷口內，與北魷十分相似的「北日本爪魷」（管魷類）就是一例。北日本爪魷的觸腕末端有鑰匙狀的銳爪，是由吸盤的固定環變形而成，可撕裂雌性個體的外套膜，將精子從傷口送入。

幾乎所有烏賊產卵後就放著不管

烏賊產卵方式也十分多樣。白斑烏賊等墨魚類會產下相對

A. 北魷的交接

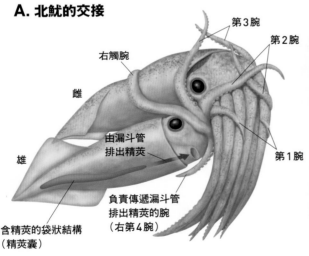

第3腕
第2腕
右觸腕
雌
由漏斗管排出精莢
雄
第1腕
負責傳遞漏斗管排出精莢的腕（右第4腕）
含精莢的袋狀結構（精莢囊）

白斑烏賊的交接

B. 精莢

發射裝置
黏著體
聚集成塊的精子
外鞘

插圖參考資料《烏賊會說話、也會飛》（新裝版）（奧谷喬司著）

雄性會預先將精子交給雌性，之後雌性再產卵

圖A為北魷交接時的示意圖。雄性（下側）會從雌性（上側）的腹側後方緊緊抱住雌性，並使用專用的腕足（右第4腕）接住漏斗管排出的精莢，傳遞到雌性嘴邊。不同物種的烏賊，交接方式各不相同。譬如白斑烏賊的雄性與雌性會面對面，伸出腕足彼此交纏（中央照片）。圖B為精莢的示意圖，實物為白色，長度約1～2公分。有彈力的外殼（外鞘）內，含有聚集成塊的精子。末端（插圖上方）有發射裝置，施加衝擊力後，聚集成塊的精子就會與黏著體一起從末端射出。

較硬的卵，使卵一顆顆附著在珊瑚等物體上。槍魷、萊氏擬烏賊（管魷類）會將含有多個卵的果凍狀物（卵囊）產在岩岸、沙岸的海底，或者附著在海藻上。

而在近海產卵的北魷等物種，因為周圍沒有能讓卵附著的地方，所以會將含有數千顆卵的果凍筒狀物（卵塊）直接排入海中。

巨大烏賊的壽命只有數年!?

近年來，使用烏賊體內的「平衡石」推測烏賊壽命的研究取得一定的進展。平衡石是烏賊頭部平衡覺器官內的小型鈣結晶。成體北魷體內的平衡石約為1毫米大。平衡石就像樹木的年輪一樣，隨著時間經過，會長出一圈圈的成長輪。

用平衡石研究烏賊壽命後發現，槍魷等中型烏賊的壽命多為1～2年左右。不少小型烏賊的壽命則只有數個月。

多數烏賊在繁殖行為結束後不久就會死亡。不管是交出精子還是產卵，一生中都只有一次。北魷或槍魷1年內約可成長到30～40公分，產下子代後便會死亡。另一方面，大王烏賊（管魷類）是世界上最大的無脊椎動物，至今仍不確定壽命有多長。大王烏賊十分巨大，在電影或小說中常有著恐怖海怪的形象。若加上腕足，大王烏賊的的全長可達10公尺以上，已知最大的個體可達18公尺。

大王烏賊的壽命應不至於短於1年，但「很有可能只有2～3年左右」（窪寺博士）。若是如此，可以想像它們的成長速度

有多驚人。

成功拍攝到大王烏賊的影片！

大王烏賊不只壽命是個謎，生態也充滿謎團。大王烏賊棲息於深海，要觀察到活生生的大王烏賊，本來就不是件容易的事。直到2004年左右，才終於有人拍到在深海活動的大王烏賊。而成功拍攝到大王烏賊就是窪寺博士的研究團隊。

2017年7月，NHK與探索頻道（美國）的採訪團隊在日本國立科學博物館的協助下，成功拍攝到大王烏賊在深海中游泳的高解析度影片。在日本小笠原群島的父島近海，水深630公尺的全黑深海中，體長3公尺的大王烏賊出現在潛水艇前方。搭乘潛水艇，直接目擊到大王烏賊的窪寺博士說：「過去我們只看過海浪拍打上岸的標本、深海攝影機拍攝到的影片，或是釣上海面的大王烏賊。像這樣在水深600公尺的深海，親眼看到自然界的大王烏賊時，只覺得牠充滿著吸引力，有著言語無法形容的美。」

在空中飛行的烏賊

在海面上滑翔的南魷群，正朝著照片上方的方向飛行。南魷會從漏斗管噴出水柱，飛出海面，並將腕足展開成翅膀的樣子滑翔。順帶一提，烏賊有腕足的地方是前方（頭部），所以其實是向後飛（照片提供：日本東海大學海洋學院 海洋生物學系 大泉宏 教授）。

徹底說明烏賊的身體！

　　下方插圖描繪了三種烏賊，分別是北魷或槍魷等擁有筒狀身體的「管魷類」；體內有石灰質堅硬內殼的「墨魚類」；以及體型較小的「耳烏賊類」。烏賊有三個心臟，以及複雜程度與人類相仿的眼睛。🪐

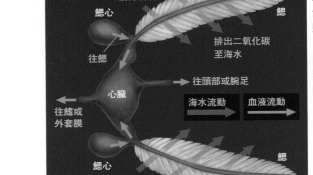

三個心臟

烏賊除了有個將血液送往全身的一般心臟之外，還有將血液送到兩個鰓的心臟（鰓心）。烏賊的血液中，運送氧氣的色素並非「血紅素」，而是「血青素」，故動脈血為藍色。

從海水中獲得氧氣
鰓心
往鰓
鰓
排出二氧化碳至海水
心臟
往頭部或腕足
往鰭或外套膜
海水流動　血液流動
鰓心
鰓

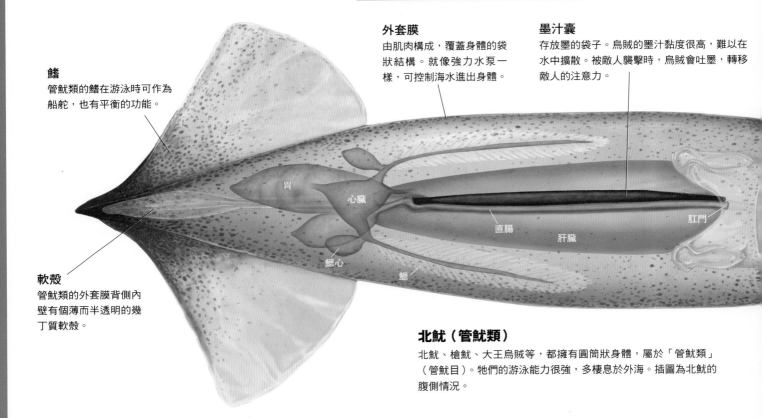

鰭

管魷類的鰭在游泳時可作為船舵，也有平衡的功能。

外套膜

由肌肉構成，覆蓋身體的袋狀結構。就像強力水泵一樣，可控制海水進出身體。

墨汁囊

存放墨的袋子。烏賊的墨汁黏度很高，難以在水中擴散。被敵人襲擊時，烏賊會吐墨，轉移敵人的注意力。

胃
心臟
鰓心
鰓
直腸
肝臟
肛門

軟殼

管魷類的外套膜背側內壁有個薄而半透明的幾丁質軟殼。

北魷（管魷類）

北魷、槍魷、大王烏賊等，都擁有圓筒狀身體，屬於「管魷類」（管魷目）。牠們的游泳能力很強，多棲息於外海。插圖為北魷的腹側情況。

墨魚（墨魚類）

「墨魚類」（墨魚目）有渾圓袋狀的身體，內部有石灰質的堅硬內殼。主要棲息於沿岸區域的海底附近。多數墨魚的鰭圍繞在身體周圍，會像海浪一樣緩慢擺動，推進身體。也能從漏斗管噴水，迅速移動。

內殼

鰭

眼睛為 W 形瞳孔

鰭

耳烏賊（耳烏賊類）

「耳烏賊類」（耳烏賊目）的身體呈短小渾圓的袋狀結構，還有一對圓形的鰭，看起來就像它們的耳朵。身上沒有軟殼或內殼。主要棲息於沿岸地區的海底，白天時會潛入沙中。世界上最小的烏賊「玄妙微鰭烏賊」原本被認為是耳烏賊的成員，後來獨自分為一類。

左第1腕　右第1腕
（背側）
口
左第2腕　右第2腕
左第3腕　右第3腕
左觸腕　右觸腕
漏斗管
左第4腕　右第4腕
（腹側）

長在口部周圍的腕足

烏賊的10根腕足從口部周圍伸出，呈左右對稱分布，包含8根（4對）一般腕足，以及2根（1對）捕捉獵物時使用的特殊腕足「觸腕」。由背側開始，命名為第1腕、第2腕……，觸腕位於第3腕與第4腕之間。另外，章魚沒有這2根觸腕，所以腕足數目為8根。

左觸腕

口

形狀如鳥喙，堅硬的上顎、下顎由幾丁質構成，可咬碎食物。烏賊的上下顎也稱為「龍珠」。

食道

眼

漏斗管

從外套膜與頭部之間縫隙進入體內的海水，會從漏斗管用力噴出，並給予烏賊強勁的推進力。改變漏斗管的方向，便可讓烏賊朝前後左右各個方向前進。漏斗管也是烏賊唯一的排出口，除了用於排出排泄物之外，雄性個體的精莢、雌性個體的卵，也都是由漏斗管排出。

烏賊的吸盤

幾丁質的環

柄

章魚的吸盤

有柄的吸盤

烏賊的吸盤（上）有柄，吸盤周圍有爪子般的環狀幾丁質結構。章魚的吸盤（下）則沒有柄，也沒有環狀結構。

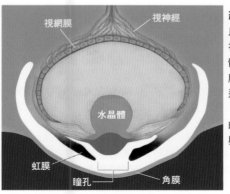

視網膜　視神經

水晶體

虹膜
瞳孔　角膜

結構與人眼幾乎相同的眼睛

烏賊雖然是無脊椎動物，眼睛卻非常複雜，且結構幾乎和人眼相同。水晶體為球形，任何方向的光都能在視網膜上聚焦，所以視野非常廣（幾乎可達180°）。管魷類與耳烏賊類的瞳孔（讓光通過的部分）為圓形，墨魚類的瞳孔則是W形（參考左頁墨魚插圖與第38頁的照片）。

右觸腕

章魚其實很聰明
騙過天敵與獵物眼睛的高等變裝術

章魚

章魚擁有8根腕足的獨特姿態，常讓人留下滑稽的印象。事實上，章魚擁有強而有力的腕足，以及驚人的「技術」，可以說是海中的強者。另外，也有許多實驗證實，章魚擁有無脊椎動物中高人一等的智力。

協助：**窟寺恒己** 日本國立科學博物館 名譽研究員、日本水中影像學術顧問

右第2腕

神經束匯集的位置
（匯集了八條神經束）

右第1腕

左第1腕

真蛸

學名：*Octopus vulgaris*
體長：約50～60公分
分布：世界各溫帶海域的潮間帶～大陸棚
　　　（水深200公尺）
附註：近年來，分布於日本近海的真蛸被視為另一物
　　　種，學名為 *Octopus sinensis*。

章魚的頭在哪裡？

章魚的頭在哪裡呢？若有此問，大多會回答那個大大的袋狀結構吧。但其實這個部分是裝滿內臟的身體（外套膜）。章魚的頭在身體與腕足之間，為眼、口、腦聚集的位置。也就是說，章魚的頭在下方，腕足直接從口部周圍伸出。擁有這類身體結構的章魚、烏賊等生物，屬於「頭足類」（頭足綱），與貝類同屬於軟體動物門。插圖為雄性章魚。

8根腕足的神經皆匯聚於此

章魚腕足的中央有一條很粗的神經束（圖中指出的部分）。8根腕足的神經束匯集到了腕足基處的環狀結構，所以8根腕足之間可以直接交換資訊，協調彼此的運動，不需要經過腦。

雄真蛸的
交接腕

傳遞精莢的溝

雄章魚會用特殊腕足將精子傳遞給雌章魚

雄章魚的精巢製造出來的精子，會被塞入精巢附屬器官製造出來的膠囊狀結構「精莢」內，存放在名為精莢囊的袋狀結構中。交接時（章魚的交配稱為交接），從漏斗管伸出的精莢，會沿著腕足邊緣的溝，從腕足基部移動到腕足末端。多數章魚類是用右第3腕來執行這個任務，故也稱為「交接腕」。順帶一提，章魚的腕足命名如插圖所示，分別為右第1～4腕，以及左第1～4腕。

為了在傳遞精莢給雌章魚時不要掉落，交接腕的末端有特殊形狀。如左方插圖為真蛸交接腕末端放大的樣子。雄章魚會用交接腕末端夾住精莢，然後伸入雌章魚的外套腔（外套膜的內側，可通到輸卵管開口處的空間），使精子進入雌章魚體內。

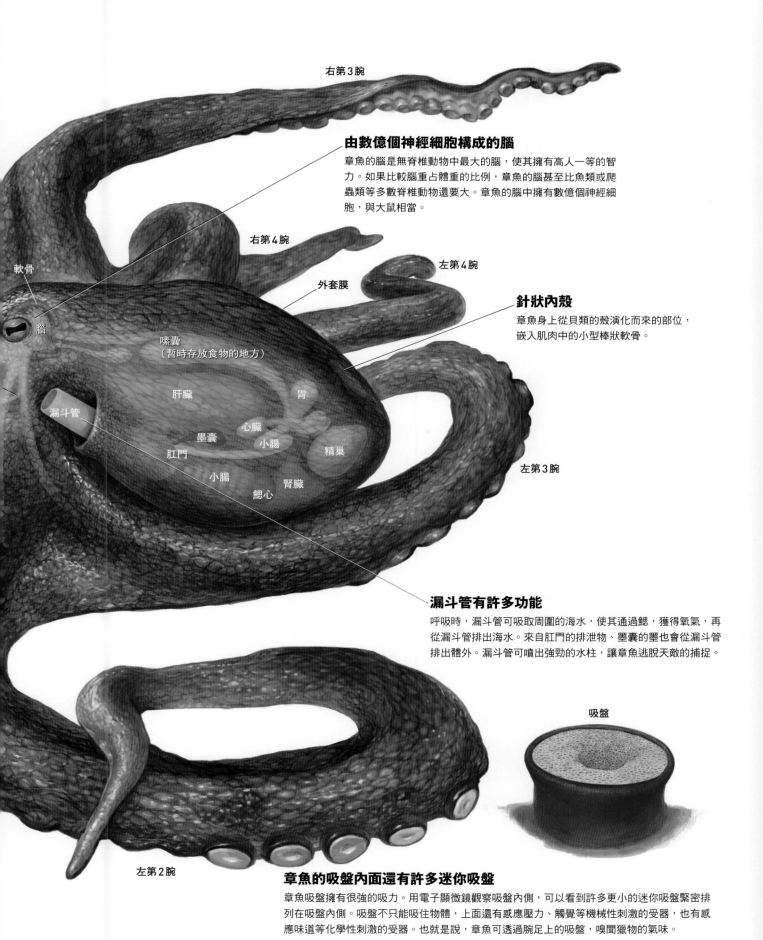

右第3腕

由數億個神經細胞構成的腦

章魚的腦是無脊椎動物中最大的腦，使其擁有高人一等的智力。如果比較腦重占體重的比例，章魚的腦甚至比魚類或爬蟲類等多數脊椎動物還要大。章魚的腦中擁有數億個神經細胞，與大鼠相當。

右第4腕

左第4腕

軟骨

針狀內殼

章魚身上從貝類的殼演化而來的部位，嵌入肌肉中的小型棒狀軟骨。

腦

外套膜

嗉囊
（暫時存放食物的地方）

肝臟

胃

漏斗管

心臟

墨囊

小腸

精巢

肛門

左第3腕

小腸

腎臟

鰓心

漏斗管有許多功能

呼吸時，漏斗管可吸取周圍的海水，使其通過鰓，獲得氧氣，再從漏斗管排出海水。來自肛門的排泄物、墨囊的墨也會從漏斗管排出體外。漏斗管可噴出強勁的水柱，讓章魚逃脫天敵的捕捉。

吸盤

左第2腕

章魚的吸盤內面還有許多迷你吸盤

章魚吸盤擁有很強的吸力。用電子顯微鏡觀察吸盤內側，可以看到許多更小的迷你吸盤緊密排列在吸盤內側。吸盤不只能吸住物體，上面還有感應壓力、觸覺等機械性刺激的受器，也有感應味道等化學性刺激的受器。也就是說，章魚可透過腕足上的吸盤，嗅聞獵物的氣味。

偽裝成岩石或海藻的變裝術及出色的記憶力，使其成為難纏的對手

章魚屬於軟體動物門頭足綱（類）的八腕目，與同屬於頭足類的烏賊，在中生代與新生代的交界處（約6600萬年前）分歧演化。最古老的章魚化石為3億年前的古章魚。

已確認的章魚物種約有300種，外觀與生活模式各有不同。日本近海棲息著約60種章魚。

章魚主要在溫帶的岩岸、大陸棚等淺海區域生活。不同物種的章魚，居住環境也不一樣。有些章魚在岩岸附近活動，以岩洞為巢，有些則會潛身於沙中。有些章魚永遠不會下降到海底，而是一直在海中漂流。有些章魚住在深海，有些則在極地的冰冷海水中生活。

保護著卵死去

一般來說，章魚的壽命只有數年，真蛸甚至只有一年左右。雖然牠們的壽命很短，但成體的真蛸體長可達60公分。真蛸是在一年內長到那麼大，還是出生時就那麼大呢？讓我們來看看真蛸孵化時的樣子。

雄章魚會藉由交接腕（參考前頁）將精莢（精子）傳遞至雌章魚體內，待產卵時期到來，使雌章魚體內的卵子受精。真蛸主要產卵期為9月。雌真蛸會將裝有卵的袋狀結構串成一串串，吊在岩洞巢穴的頂部。之後雌真蛸便不再捕捉獵物，而是持續守護在卵旁邊待其孵化，直到死亡為止。有些章魚還會用腕足抱著保護這些卵。

剛孵化的幼章魚，體長只有2.5毫米，卻會在1年內急速成長變大。

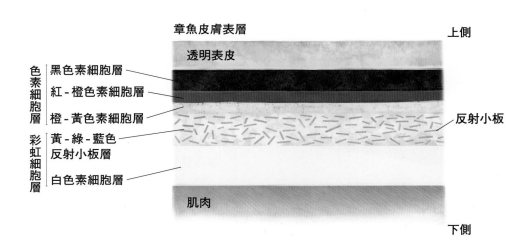

章魚皮膚表層　　　　　　　　　　　　　　　　　上側

透明表皮

色素細胞層｛黑色素細胞層／紅-橙色素細胞層／橙-黃色素細胞層

彩虹細胞層｛黃-綠-藍色反射小板層／白色素細胞層

反射小板

肌肉　　　　　　　　　　　　　　　　　　　　　下側

色素細胞運作機制
（肌纖維配置於色素囊包的周圍，可拉開色素囊包）

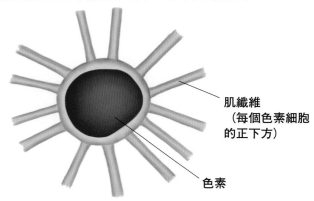

肌纖維
（每個色素細胞的正下方）

色素

各種色素囊包的擴張、收縮，可改變身體的顏色與花紋

章魚可讓全身顏色與花紋與岩石、海藻等周圍景色融合，是會變身的名人。透明表皮下方有數層「色素細胞」（左方與上方插圖），內含有黑、紅、橙、黃等色素。每個色素細胞周圍都連接著放射狀的肌肉細胞（肌纖維）。這種肌纖維收縮時，會拉開色素細胞，使其變扁，讓皮膚表面呈現出顏色。相反地，肌纖維舒張時，色素細胞則會縮小成點狀，從外面看不到顏色。各個色素細胞的大小變動，可讓身體表面呈現出各種顏色與花紋。色素細胞層下方的彩虹細胞可反射光線（反射小板）、散射光線（白色素細胞），使身體反射出來的光線能融入周圍景色。

幼真蛸孵化後的一個月內，會漂浮在海的表層，過著浮游生活。此時身體透明，腕足短且吸盤少。隨著個體成長，腕足逐漸變長、吸盤數目逐漸增加後，才會下降到海底。

深海的章魚不會噴射墨汁

多數人應該會覺得章魚並不是那麼難纏的生物。不過在海中生存的章魚其實很強、很聰明，會用各種方式欺騙天敵或獵物。

首先，章魚有8根幾乎全由肌肉構成的腕足，內部沒有骨頭，所以長度、運動方向、硬度皆可自由改變。最大的章魚是全長3公尺的北太平洋巨型章魚，甚至會攻擊鯊魚。而且，章魚的腕足即使被砍斷也能再生。

當章魚遭到天敵攻擊時，會噴出墨囊中的墨汁。同屬於頭足類的烏賊也會噴射墨汁，不過性質與章魚的不同，烏賊墨汁黏性很高，而章魚墨汁相對稀薄，吐出後會迅速在水中擴散開來，形成短暫的煙幕。不過棲息於黑暗深海的章魚，不需要製造這種煙幕，所以沒有墨囊。

能任意改變顏色、花紋、質感

章魚的皮膚十分特殊，有相當精巧的機制，可以將身體顏色或花紋轉變成類似周圍岩石、海藻、珊瑚的樣子，欺騙天敵或獵物的眼睛。

章魚皮膚上有數百萬個囊狀的「色素細胞」，內部含有黑、紅、橙、黃等色素。腦接收到周圍的視覺資訊後，會發出指令給連接各個色素細胞的肌纖維，使色素細胞展開，顯現出顏色（左

頁圖）。改變各個色素細胞的顯色狀況，便能改變全身的顏色或花紋。

為了讓自己的身體看起來比較大，章魚會把眼睛周圍的皮膚變成黑色，讓眼睛看起來更大。

而在色素細胞層的下方，有一層細胞含有能反射光線的薄板（反射小板），還有一層白色素細胞。反射小板表面反射的光跟穿過反射小板並被底面反射的光，或與其他反射小板反射的光疊在一起時，可讓特定顏色的光變得更強。不同波長（顏色）的光，反射角度也不一樣，所以反射小板層會呈現出彩虹般的色澤。改變反射小板的厚度，便可從下方的肌肉層反射出「融入周圍景色」的光線。

皮膚下方則有細緻分布的肌肉。有些章魚還能讓體表變得凹凸不平，呈現出岩石的粗糙感。

章魚看到的世界是黑白的？

章魚能配合周圍景色，改變皮膚的顏色，或者讓皮膚變得凹凸不平。不過，有人認為章魚的眼睛其實沒辦法分辨顏色。章魚眼睛接受到的資訊似乎只有亮與暗。無法分辨顏色，活在黑與白的世界中的章魚，為什麼能改變體色融入周遭環境呢，目前還不清楚其中的原理。

雖然可能無法分辨色彩，但能夠分辨明暗、辨識物體形狀的章魚，視覺能力其實相當優異。實驗證實，即使是相同形狀的圖形，只要大小或方向略有差異，或者形狀稍有不同（凹凸的位置），章魚也能分辨出那是不同的圖形。

可長期記憶巢穴位置

許多實驗都證實章魚是很聰明的動物。

舉例來說，將食物放入有蓋子的容器，北太平洋巨型章魚可在未經任何訓練下，經數次嘗試錯誤後，自行轉開蓋子，取出裡面的食物。若相同實驗進行數次，便能讓牠在僅數分鐘便打開蓋子。可見章魚的思考很有彈性，學習能力也很高。

另外，章魚對地點的記憶能力也很高。有研究者用真蛸屬的章魚來做實驗，在水槽中準備了一個章魚可以進入的巢穴，以及五個有障礙物擋住，無法進入的巢穴。實驗中，所有「知道哪個巢穴可以進入」的章魚，在一週後的實驗中仍記得該巢穴的位置，會馬上鑽進那個巢穴中。

章魚運用牠的強大腕力以及高超的變裝術，在海中占有一席之地。在無脊椎動物中，章魚的智力遠勝其他動物。雖然樣子滑稽，常被戲稱是海中的小丑，卻有著驚人的生存能力。

🪐

美麗的漂流者——水母
潛藏在透明身體內的精巧生存策略

水母

在水中緩慢漂蕩，如幻想生物般的水母，是水族館內很受歡迎的動物。另一方面，被水母觸手上的毒針刺到會讓人中毒，對海水浴場來說是麻煩的存在。在過去6億年間隨著生存環境演化，水母演化出許多驚人的特徵，像是被觸手刺到的劇痛、壽命近乎無限等。本節就讓我們來介紹美麗又神奇的水母有什麼魅力吧。

協助 三宅裕志 日本北里大學 海洋生命科學院 教授

水母由兩個生物群組成

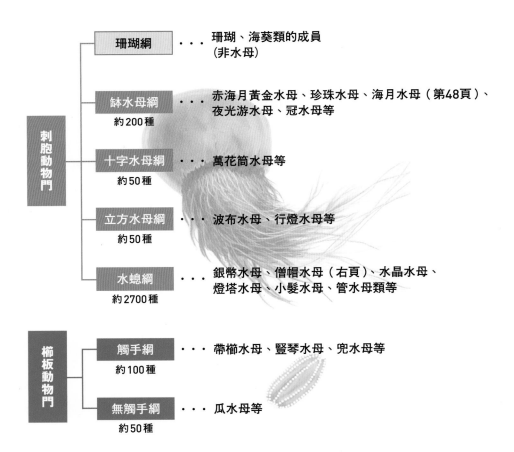

	珊瑚綱	··· 珊瑚、海葵類的成員（非水母）
刺胞動物門	缽水母綱 約200種	··· 赤海月黃金水母、珍珠水母、海月水母（第48頁）、夜光游水母、冠水母等
	十字水母綱 約50種	··· 萬花筒水母等
	立方水母綱 約50種	··· 波布水母、行燈水母等
	水螅綱 約2700種	··· 銀幣水母、僧帽水母（右頁）、水晶水母、燈塔水母、小髮水母、管水母類等
櫛板動物門	觸手綱 約100種	··· 帶櫛水母、豎琴水母、兜水母等
	無觸手綱 約50種	··· 瓜水母等

水母包括刺胞動物門與櫛板動物門兩個類群，目前已知的水母達3000種以上。水母難以留下標本，所以分類不一定正確，隨著研究的進展，分類與名稱常會跟著改變。以前分類學家將刺胞動物門與櫛板動物門同歸於「腔腸動物門」，後來因為兩者身體結構不同，故分成了兩個分類群（門）。

隨著食物多寡而改變體型的理性生物

水母大致可以分成兩個類群：有刺和無刺的水母。有刺水母屬於「刺胞動物門」，刺胞動物門的多數物種觸手上，有名為「刺胞」的囊狀結構，收納著毒針；另一方面，無刺水母屬於「櫛板動物門」，身上沒有刺胞，身體側面有名為「櫛板」的結構。也因為這個特徵，所以櫛板動物門的水母一般稱作「櫛水母」。

這兩門水母的差異不僅限於刺胞的有無，身體結構與繁殖方式也有很大的差異。舉例來說，刺胞動物門的雄水母與雌水母為不同個體，即所謂的「雌雄異體」；櫛板動物門之櫛水母的單個體內，同時含有雄性與雌性的生殖器官，為「雌雄同體」。

水母的祖先約於6億年前出現。之後隨著環境改變，水母的外觀形態也跟著變化，後來廣泛分布於地球上每個角落，從淺海到深海、熱帶到寒帶、海水到淡水，都可以看到水母的蹤跡。研究水母類生物的日本北里大學三宅裕志教授說：「食物多時，水母就會長得比較大；食物少時，水母就會長得比較小。水母會像這樣迅速且靈活應對環境變化，是一種相

僧帽水母

分布於全球溫暖海洋的刺胞動物門水母。僧帽水母的「浮囊體」充滿了一氧化碳，可浮在海面上，功能如帆船的帆。在風的吹拂下，水母可順著風向移動。

浮囊體的大小約為10公分，但水中的群青色觸手可延伸到數十公分。水母由眾多個體聚集而成，每個觸手都是不同個體，為群居性水母。被觸手刺到時，會產生電擊般的劇烈疼痛，故又種為「電水母」。

當理性的生物。」

水母沒有鰓，也沒有心臟

在海水浴場常見的水母，幾乎都屬刺胞動物門。刺胞動物門的水母為海葵或珊瑚的近親，約有3000種。提到水母時，首先會想到從圓頂傘狀伸出無數觸手的「缽水母綱」水母。廣泛分布於日本沿海的海月水母（下方示意圖），以及偶爾會大量繁殖、體型巨大的越前水母，都屬於缽水母綱。

水母的體重有95%以上是水，身體組織主要由蛋白質構成，重量卻不到5%。順帶一提，人類體內水分含量約為體重的60%左右。水母傘的下側中央有個洞，兼具口與肛門的功能，深處為胃（胃腔）。名為「水管」的結構，從胃往傘的邊緣呈放射狀延伸，可以說是水母的血管。水管內側的纖毛可產生水流，傘開闔時也可讓體液流動，將營養送至全身。

除此之外，胃的周圍只剩下一個明顯的結構為生殖腺（雄性為精巢，雌性為卵巢）。水母的身體結構非常單純。呼吸作用（從海水吸收氧氣，將二氧化碳排出至海水）則是直接於身體表面進行。

麻痺獵物的毒針
也會傷害人類

刺胞動物門的水母觸手表面，分布著無數個刺胞，裡面藏著毒針。刺胞被碰觸到時，會射出內部隱藏的毒針，將毒素（刺胞毒）注入至對方體內（參考下圖）。水母會用觸手上的這些刺胞，麻痺所觸碰的浮游生物、魚、甲殼類與其他物種的水母。

這些刺胞不只會傷害到水母的獵物，也會傷害到人類。日本近海的水母中，被刺到時會有嚴重症狀的包括僧帽水母（第47頁）與波布水母。僧帽水母刺胞的毒針很長，可貫穿到皮膚深處，注入毒素會讓人感到劇烈疼痛。如果在海中被刺到，會讓人呼吸困難，有溺水的危險。另一方面，波布水母的毒性很強，刺胞數也很多，所以症狀會相當嚴重。水母毒素中的蛋白質成分難以萃取、分析，所以至今仍有許多不明之處。

如果被水母刺到的話，應先設法上岸停止活動，以大量海水洗掉殘留在皮膚上的觸手。如果是被波布水母刺傷，可淋上醋以抑制觸手的其他刺胞發射毒針（並非用於解毒）。不過要注意被某

水母的身體十分簡單

海月水母的身體結構示意圖。水母體內有95%以上是水，身體表面與胃表面的細胞層之間為「中膠層」（mesoglea），填塞了大量明膠。

觸手表面分布著無數個含有毒針的刺胞（右側放大圖），可麻痺浮游動物，再捕捉吃掉。水母的口腕滑過觸手時，可將觸手蒐集到的食物送至口中。

水母沒有心臟，可透過傘的收縮，將胃消化的養分經水管運送至全身。胃的周圍有能分泌消化酵素的「胃腺」，以及生殖腺。

上列的圖為觸手表面的刺胞放大後的示意圖。刺針接觸到食物時，埋藏在刺胞內的刺絲會射出體外，刺入食物體內並注入毒素（下列的圖）。不同水母的刺胞形狀也不一樣。

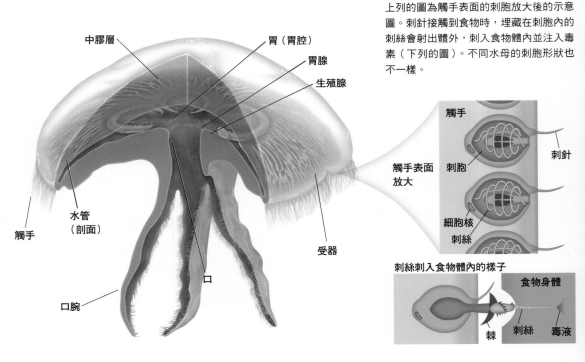

中膠層　胃（胃腔）　胃腺　生殖腺
觸手　水管（剖面）　口　受器　口腕

觸手　刺針　刺胞　細胞核　刺絲
觸手表面放大

刺絲刺入食物體內的樣子
食物身體　棘　刺絲　毒液

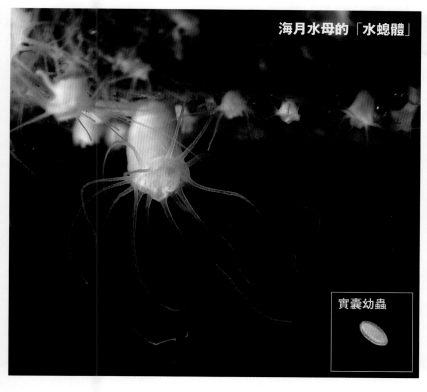

海月水母的「水螅體」

實囊幼蟲

海月水母可透過「水螅體」階段，增加個體數目

　　海月水母的雌性個體接受來自雄性個體的精子，於體內受精（有性生殖）後，受精卵會發育成0.2毫米大的「實囊幼蟲」（左方小圖），開始泳動。實囊幼蟲可擺動表面的細毛（纖毛），在水中游泳。當實囊幼蟲抵達岩石地形時，就會停止浮游生活，開始定居生活，並轉變成直徑約2毫米的「水螅體」（大圖）。在水螅體時期，個體可縱向分裂成兩個個體，即「分裂生殖」；也可長出芽瘤，芽瘤再形成新的水螅體，即「出芽生殖」。水螅體還會拋下部分組織，就像留下足跡一樣，這些組織會再長出水螅體，稱作「足囊生殖」，以上皆為無性生殖。照片中的水螅體與實囊幼蟲皆在日本神奈川縣的新江之島水族館拍攝。

些種類的水母刺傷時，醋可能會有反效果。

水母「全身都是腦」

　　刺胞動物門的感覺器官在傘的邊緣，櫛板動物門的感覺器官則在口部與相反側的頂部。幾乎所有水母都擁有光與重力的受器，卻沒有溫度的受器。不過有學者認為，水母可以透過細胞內的酵素（蛋白質）活性，間接感受到溫度。

　　水母沒有中樞神經，即沒有腦。受器的資訊會透過神經網路，直接傳遞到全身每個部位。三宅教授說道：「水母的神經散布於全身（分散神經系統），也能說它『全身都是腦』。」水母在一天中會上下移動到海的不同深度，有人認為水母可能有一定的時間感，但詳情仍不清楚。

另外，水母的味覺與嗅覺機制（或者有無這些感覺）至今仍不明。水母的神經系統還存在許多謎團。

有不死的水母嗎!?

　　一般而言，自然界的水母中，個體越大的種類則壽命越長。野生的越前水母、海月水母，推測壽命約為1年左右。三宅教授說在飼育環境下，海月水母的個體有活到3年左右的記錄，若有更好的環境，應該可以活得更久。事實上，自然界中就存在壽命無限的「不死」水母。燈塔水母（刺胞動物門水螅綱花水母目）即使遭到天敵攻擊，或者因周遭環境惡化而受傷，也能返回水螅體時期（參考上方照片），且這種返老還童的過程可重複多次。在有性生殖的動物中，這種能多

次返老還童的驚人動物僅限於燈塔水母與波狀感棒水母。

　　體內幾乎都是水的水母難以留下標本，也很難留下化石。因此，關於水母的分類與演化過程，至今仍有許多未解之謎，生態調查也很難有什麼進展。水母可說是充滿未知的研究對象，三宅教授將其視為「寶山」。

　　有些水母在飼養上並不困難，只要掌握幾個重點即可。有些觀賞魚店會販賣水母、飼養用水槽、可作為水母食物的浮游動物等。除了在水族館觀賞水母獲得療癒感之外，若您有興趣的話，不妨試著挑戰飼養水母，研究水母的神祕生態吧。

在大洋間拍動翅膀的翻車魚
在海面「午睡」，在深海覓食

翻車魚悠遊自在的泳姿與可愛表情，是水族館的人氣動物。錯誤百出的「翻車魚的都市傳說」，已在網路上流行了十年，現在就讓我們重新看一遍翻車魚的實際樣貌吧。本節將介紹翻車魚與眾不同的各種特徵。

共同編輯：**澤井悅郎** 翻車魚資訊博物館／海與生活的史料館

背鰭

最末尾椎骨

運用背鰭與臀鰭，像企鵝一樣拍動翅膀游泳

翻車魚（翻車鲀）在基因上是河鲀、二齒鲀的近親，卻擁有發達的背鰭與臀鰭，可同時往左或往右擺動，以在海中泳動；翻車魚還擁有所謂的「舵鰭」，這些都是河鲀、二齒鲀身上看不到的特徵。

目前翻車鲀科的有效物種有 5 種，不過未來很可能會再增加，正確的物種數仍不確定。這裡描繪的是水族館常見的「翻車魚」。

翻車魚
學名　：*Mola mola*
全長※：最大可達 3.3 公尺
體重　：最重可達 1.3 噸
分布　：全球的溫帶、熱帶海洋
　　　　（印度洋或南半球較少）

※ 從口的末端到舵鰭的末端

只有翻車魚成員才擁有可當舵使用的鰭

一般魚類的尾鰭在翻車鲀科的魚種上完全看不到，取而代之的是尾部的「舵鰭」。只有翻車鲀科的成員才有的舵鰭，是由背鰭的一部分與臀鰭的一部份構成。舵鰭顧名思義，可用於改變方向，卻無法產生推進力。

舵鰭

翻車魚與真鯛（一般魚類）的比較

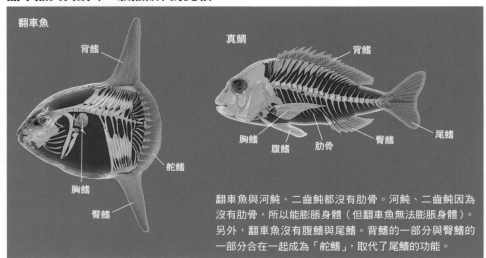

翻車魚

背鰭

舵鰭

胸鰭

臀鰭

真鯛

背鰭

胸鰭　腹鰭　肋骨　臀鰭　尾鰭

翻車魚與河鲀、二齒鲀都沒有肋骨。河鲀、二齒鲀因為沒有肋骨，所以能膨脹身體（但翻車魚無法膨脹身體）。另外，翻車魚沒有腹鰭與尾鰭。背鰭的一部分與臀鰭的一部分合在一起成為「舵鰭」，取代了尾鰭的功能。

癒合的骨頭

翻車魚沒有肋骨，且最前方的脊椎骨（第一腹椎骨）前半段與頭蓋骨的後半段癒合成了一塊骨頭；最後方的脊椎骨（最末尾椎骨）的後半與更後面的軟骨癒合，形成了極為特殊的骨架。

第一腹椎骨

明明是魚卻能眨眼

一般魚類不會眨眼，翻車魚與其近親河魨，則有類似眼瞼的結構。這種眼瞼並不是上下開闔，而是眼睛內側的柔軟皮膚從後方往前方闔起。

胸鰭

肝臟

鸚鵡般的口

口部很小，有著鳥喙般的板狀齒。翻車魚以甲殼類、小魚、烏賊、水母等含膠質的浮游動物為食（隨著成長，逐漸改以含膠質的浮游動物為主食）

腸

含豐厚膠質的皮膚

翻車魚的體型很大，表皮下方的膠質層也相當厚。大型個體的膠質層可達10公分厚。沒有肋骨的翻車魚，便是用這層厚皮膚保護內臟，就像甲蟲的外骨骼一樣。而且翻車魚的表皮上有棘刺，相當堅硬。翻車魚成體的皮膚甚至無法用魚叉插入。

　一般魚類會用裝有空氣的「鰾」調整浮力。但翻車魚沒有鰾，取而代之的是覆蓋全身的皮下膠質層，為翻車魚主要浮力來源。皮下膠質層的比重比海水小，內部主要成分也是水，所以能保持穩定的浮力，不受水壓影響。這讓翻車魚能從深海迅速移動到海面附近。

卵巢擁有數量龐大的卵

鱈魚等常見魚類擁有兩個細長卵巢，翻車魚則有一個圓形卵巢。因此，觀察翻車魚體內的生殖器，就能馬上判斷出雌雄（但很難從外觀判斷雌雄）。成熟的雌性個體卵巢內，有數千萬～數億顆卵。

非常長的腸道

翻車魚的胃很小，腸道卻相當長，為身體全長的3～5倍。

臀鰭

背鰭與臀鰭可靈活擺動，快速泳動

多數魚類靠尾鰭的左右擺動獲得推進力。翻車魚則可同時擺動發達的背鰭與尾鰭，獲得推進力。翻車魚的游泳速度在魚類中並不慢，平均泳速可達時速2公里左右，偶爾還會從海面躍起。

在深海中游泳後，會在海面「午睡」加熱身體

翻車魚最長可達到3.3公尺，最重可超過1.3噸，是非常大的魚類。

說到翻車魚的特徵，首先就是奇特的外形。一般魚類有尾鰭，並透過尾鰭的左右擺動獲得推進力。但翻車魚沒有尾鰭，取而代之的是發達的背鰭與臀鰭。翻車魚的背鰭與臀鰭能同時往左或同時往右擺動，推進身體。

翻車魚的游泳方式其實與企鵝相同。企鵝會使用翅膀游泳，看起來就像在水中「飛行」一樣。將企鵝的游泳方式旋轉90度，就是翻車魚的游泳方式了。不過，企鵝的左右兩邊是使用相同器官（翅膀）來游泳，翻車魚的上下兩邊則是使用不同器官（背鰭與臀鰭）來游泳。

另外，翻車魚背鰭的一部分與臀鰭的一部分會轉變成「舵鰭」。舵鰭的功能類似舵，可用於轉換方向。胸鰭則可用於穩定身體，或是往後游。

從海面游到深海，悠遊在不同水深之間

以前的學者認為，翻車魚幾乎不會游泳，而是隨著波浪漂流，不過這種觀點早已過時。

「生物追蹤」是一種用小型攝影機與感應器研究生物行動與生態的研究方式。由生物追蹤的研究結果可以知道，翻車魚的平均游泳速度達時速2公里。不過記錄上顯示，若在某些原因下需要衝刺，翻車魚的時速則可達8.6公里。

這種游泳速度在魚類中並不慢，鰻魚、比目魚等魚類都比翻車魚還慢。

事實上，有研究指出翻車魚1天內可移動27～32公里。也有證據指出，翻車魚會在一天內一邊游泳，一邊改變所在深度。一般來說，翻車魚晚上的大部分時間會待在海水表層，白天時則會潛入水面下，最深紀錄可達800公尺。

這與翻車魚的食性有關。翻車魚以甲殼類、小魚、烏賊，以及水母等含膠質的浮游動物為食

（食性會隨著成長而改變，大型個體主要以含膠質浮游動物為食）。白天時，這些浮游動物多會待在深海處，或許是為了配合浮游動物的行為，翻車魚才會有這樣的生活週期。

浮上海面的翻車魚會橫躺在海面上「午睡」（左下方照片）。

有人認為「午睡」是為了「讓海鳥吃下皮膚上的寄生蟲」，或是「加熱因潛到深海而寒冷的身體」。除了翻車魚之外，還有其他魚類會在海面加熱體溫，但會在水面橫躺的魚類，只有翻車魚類的成員。

翻車魚的產卵地點至今仍不明

你有聽過「翻車魚一次會產下3億顆卵，卻只有2顆卵能活下來」這樣的傳聞嗎？

這個說法源自1921年發表的論文。該論文的內容實際上是「體長1.5公尺的翻車魚，卵巢內有3億個以上的未成熟卵」。也就是說，有人稍微改變了論文內容，加入多餘的資訊，才出現

翻車魚的各種姿態

午睡的翻車魚

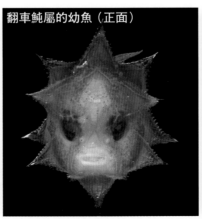
翻車魨屬的幼魚（正面）

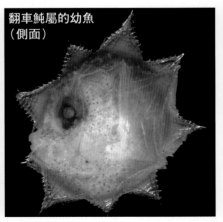
翻車魨屬的幼魚（側面）

【左】橫躺在海面的翻車魚。日本人會說這是翻車魚在「午睡」，國外則稱這是在做「日光浴」。關於翻車魚的「午睡」行為，有兩種說法，一個是讓海鳥清除皮膚上的寄生蟲，另一個則是加熱在深海被冷卻的身體。【中央、右】翻車魨屬幼魚的照片。全長約3毫米。身體上的棘刺或許能避免被其他動物吃掉，或者幫助身體浮起。隨著個體成長，這些棘刺會逐漸變得不顯眼。

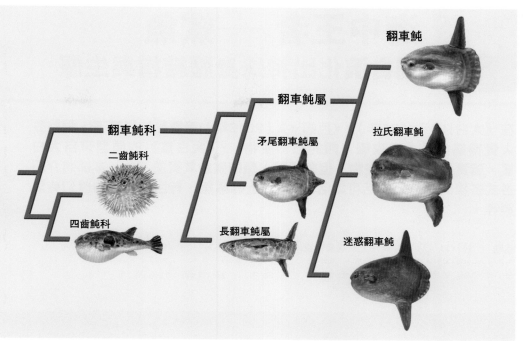

翻車魚是河魨、二齒魨的「親戚」

右圖為翻車魚（翻車魨）相關物種的種系發生樹（phylogenetic tree）。翻車魨科的近親包括二齒魨科、四齒魨科（河魨）。

翻車魨科可進一步分成翻車魨屬、矛尾翻車魨屬、長翻車魨屬等三類。翻車魨屬內有翻車魚、拉氏翻車魨、迷惑翻車魨等三個種。矛尾翻車魨屬的舵鰭中央朝後突出，僅矛尾翻車魨一種。長翻車魨屬則有細長的體型，僅長翻車魨一種。

翻車魨

翻車魨屬

翻車魨科

二齒魨科

矛尾翻車魨屬

四齒魨科

長翻車魨屬

拉氏翻車魨

迷惑翻車魨

前面提到的謠言。嚴格來說，卵巢內的卵數（抱卵數），與體外產下的卵數（產卵數）為不同的概念。確實有些研究嘗試推論抱卵數，但至今仍無法推論產卵數的多寡。實際上，我們連翻車魚的抱卵數都不確定是多少。

日本千葉縣鴨川海洋世界有飼育環境下的翻車魚產卵紀錄，但至今仍不曉得自然環境下的翻車魚在哪裡產卵。另一方面，有研究確認到翻車魨科的長翻車魨屬，在夏威夷海域與馬里亞納海域的產卵地點，並找到許多受精卵與幼魚。

翻車魨屬的幼魚全身長有棘刺（左頁照片），這可能是為了「避免被其他動物吃掉」或「讓身體容易浮起」。

翻車魚的不同成長階段中，生活方式也會改變。幼小的翻車魚會在沿岸地區聚集，形成數十隻的群體。不過在遠洋地區，則會看到單隻成體翻車魚在海面上悠遊。壽命方面，已確認翻車魚的近親，矛尾翻車魨屬可以活20年以上，翻車魚的壽命應當也差不多。

雖然是巨型魚類，研究卻很困難

翻車魚究竟歷經什麼樣的演化過程呢？依據最新的化石與遺傳學研究結果，翻車魨科約在8000萬年前與四齒魨科（河魨）及二齒魨科等魚類分家，形成另一個種群。

事實上，翻車魚與河魨、二齒魨有許多相似點。舉例來說，觀察河魨的游泳方式，會發現前進時主要使用背鰭與臀鰭前進，比較少用到尾鰭。翻車魚也是用這種方式游泳。

翻車魨科由翻車魨屬、矛尾翻車魨屬、長翻車魨屬構成。矛尾翻車魨屬、長翻車魨屬各有一個物種，翻車魨屬則有三個物種。2017年時，翻車魨屬在分類學上的研究有很大的進展，拉氏翻車魨（*Mola alexandrini*）重新列為新種，並發現了迷惑翻車魨（*Mola tecta*），是睽違了125年的新種。本文的共同作者澤井博士，就是這兩個物種的命名者。

拉氏翻車魨曾出現在日本近海。在法亞爾島曾捕獲2744公斤的拉氏翻車魨，經金氏世界紀錄認定為世界最重的硬骨魚。另一方面，迷惑翻車魨主要分布於南半球，北半球的發現紀錄很少，日本近海尚無相關紀錄。

翻車魚是非常巨大的魚，不管是製成標本保存還是飼養觀察，都不是件容易的事，所以現在對翻車魚的瞭解還很少。現在研究人員會與漁民合作，嘗試建構出翻車魚的生態與系統分類。

鯊魚

海中王者——鯊魚
獨自演化出特殊身體結構與生態

在《大白鯊》（1975年）、《巨齒鯊》（2018年）等電影的影響下，讓許多人覺得鯊魚是「會攻擊人類的恐怖生物」。《大白鯊》的原型來自大白鯊，確實是很兇猛的生物，但會襲擊人類的鯊魚其實並不多。本節將介紹各式各樣的鯊魚，包括可以活300年以上的鯊魚、有巨大嘴巴的夢幻鯊魚等等。

協助： 田中 彰 日本東海大學 名譽教授

擁有鐵槌般獨特頭型的鯊魚 路易氏雙髻鯊 學名：*Sphyrna lewini*

全長約4公尺。為雙髻鯊的成員之一，頭部形狀獨特，所以也稱為槌頭鯊。橫向伸長的頭部左右端有眼睛。板狀頭部在游泳時可當成舵使用。生產方式為胎生，有胎盤。有時會數百匹聚集成群。獨特的外貌，以及與猙獰外表相反的溫馴性格，廣受潛水者的歡迎。但要注意有時也會襲擊人類。

世界上有約560種鯊魚。鯊魚外形與生活方式的多樣性十分驚人

鯊魚、魟魚屬於「軟骨魚類」的成員，全身骨骼皆為軟骨（主成分為蛋白質的柔軟骨骼）。身體側面有板狀排列的鰓裂（讓水流出鰓的開孔），所以也稱為「板鰓類」。「硬骨魚類」有堅硬的骨骼，主要成分為磷酸鈣。軟骨魚與硬骨魚同屬於魚類，不過兩者差異幾乎和「鳥類」與「哺乳類」的差異一樣大。原始鯊魚「裂齒鯊」約誕生於4億年前的古生代泥盆紀。

世界上有560種鯊魚，分為9目38科，其中約有一半屬於真鯊目。真鯊目內多為大型鯊魚，如低鰭真鯊、鼬鯊等。種數第二多的為角鯊目，牠們的背鰭根部有角狀突起，為深海鯊魚。角鯊目的物種多為體長不到1公尺的小型鯊魚，體色偏黑、體型細長。

大白鯊為大型鯊魚的代表，屬於鼠鯊目。鼠鯊目的種類數僅占鯊魚類的2.9%。

除了前述的種類之外，還有許多型態特殊的鯊魚，譬如長得像魟魚的日本扁鯊、嘴巴長得像鋸子的鋸鯊等。會襲擊人類、有危險性的鯊魚包括低鰭真鯊、鼬鯊、大白鯊等等，這些鯊魚的種類數僅占所有鯊魚的一成。

生存區域十分多樣，從海面附近到深海都看得到鯊魚

鯊魚的生存環境十分多樣，有些在遠洋的海面表層悠游，

豪放的狩獵方式讓牠君臨海洋生態系的頂點

大白鯊　學名：*Carcharodon carcharias*

躍出水面的豪放狩獵方式，為大白鯊的一大特徵。牙齒還可能會因為捕食的衝擊而彈飛。大白鯊是肉食性的兇猛鯊魚，有時候還會襲擊人類。全長6公尺，體重超過2噸，屬大型鯊魚。大白鯊是海中最強的獵食者，君臨海洋生態系的頂點。但近年來因為人類將其當成害魚列為獵殺對象，也有人為了魚翅而濫捕，使大白鯊的數目急速下降。

有些較常待在海底，有些則在水深超過1000公尺的深海生活。在水溫變化大的遠洋各處洄游的尖吻鯖鯊與牠們的近親物種，擁有發達的熱交換系統「迷網」（rete mirabile）。迷網由非常細的動脈與靜脈組成，可以保持肌肉與內臟的溫度高於海水水溫，讓鯊魚能長時間游泳。鮪魚也有這種機制。

另外，多數鯊魚會在海中垂直移動，白天停留在深海，晚上則上浮到海面附近。鯊魚體內沒有魚鰾之類的充氣囊，而是靠肝臟儲存的油（肝油）得到浮力，使其能進行這種極端的垂直移動。油比水還要輕，所以可以當作游泳圈來使用。

產下螺旋狀的卵，固定在砂塊或岩石的縫隙中

寬紋虎鯊　學名：*Heterodontus japonicus*

照片中的寬紋虎鯊為全長1.2公尺的底棲性鯊魚。臉長得像貓，所以日文中也稱為貓鯊。右上方為寬紋虎鯊的卵，約20公分長，為深褐色螺旋狀。卵的形狀讓母鯊產卵時，能將卵的末端固定在砂塊或岩石的縫隙。卵剛產下時殼較軟，隨時間經過逐漸變硬，難以拔除，故可防止被洋流沖走或被天敵吃掉。卵約會在1年後孵化，生出20公分左右的幼鯊。

有些鯊魚沒有尖牙

鯊魚為肉食性魚類，有些會用銳利的牙齒撕裂獵物，給人豪放的印象。鯊魚的食物除了魚類之外，也包括海獅、海豹等哺乳類、浮游生物類、烏賊章魚類、蝦蟹類等，食性十分多樣。而且主食不同的鯊魚，牙齒形狀也不一樣。

鉛灰真鯊的三角形牙齒有鋸齒狀邊緣，能將獵物撕碎；尖吻鯖鯊則有細長尖銳的牙齒，可在捕捉到魚之後把魚整個吞下去；寬紋虎鯊的臼齒呈石磨狀，可將螺貝類一口氣咬碎。

體型如鰻魚般細長的深海鯊魚——皺鰓鯊，可以用分成三叉的細牙抓住烏賊。有些鯊魚以

徹底解剖鯊魚的身體

以大白鯊為例，來看看鯊魚身體的特徵吧。鯊魚的嗅覺十分敏銳，對血的氣味特別敏感。即使在游泳池內滴入數滴血液，鯊魚也聞得出來。另外，狩獵時會靈活擺動身體的雙髻鯊等鯊魚，則有優異的視覺。

勞倫氏壺腹
可感受到微弱電場或磁場的特殊受器。位於鯊吻（鼻尖）的細長瓶狀器官，內部充滿了膠狀物質。

鯊魚的皮膚
鯊魚表面有名為盾鱗的特殊鱗片，擁有牙齒般的結構，外表覆蓋了一層堅硬的琺瑯質，除了可保護體表之外，也能減少摩擦力。

可導電的膠狀物質　皮膚　開口部　內有感覺細胞　神經

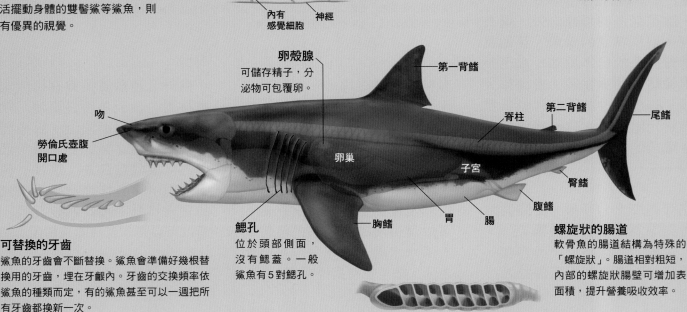

卵殼腺　可儲存精子，分泌物可包覆卵。

第一背鰭　脊柱　第二背鰭　尾鰭　臀鰭　腹鰭　腸　胃　子宮　卵巢　胸鰭　鰓孔

吻　勞倫氏壺腹開口處

可替換的牙齒
鯊魚的牙齒會不斷替換。鯊魚會準備好幾根替換用的牙齒，埋在牙齦內。牙齒的交換頻率依鯊魚的種類而定，有的鯊魚甚至可以一週把所有牙齒都換新一次。

鰓孔
位於頭部側面，沒有鰓蓋。一般鯊魚有5對鰓孔。

螺旋狀的腸道
軟骨魚的腸道結構為特殊的「螺旋狀」。腸道相對粗短，內部的螺旋狀腸壁可增加表面積，提升營養吸收效率。

浮游生物為主食，幾乎沒有尖銳的牙齒，如鯨鯊、姥鯊，會將浮游生物與海水一起吸入，再用鰓的鰓耙部分（梳子狀的牙齒，上面有細小突起）過濾海水，留下食物，所以不需要牙齒。

卵生、胎生、同類相食 —— 多樣的生產方式

鯊魚的生殖過程中，雄鯊與雌鯊交配時為體內受精。雄鯊有2個生殖器，雌鯊則有左右共一對輸卵管（子宮）。鯊魚的生產方式有卵生與胎生兩種，卵生種類會產卵繁殖，胎生種類則會讓卵待在子宮中發育，生產時生下與親代外觀相同的子代。讓人意外的是，一半以上的鯊魚都是用胎生方式生產子代，且生產方式十分多樣。

鯊魚的胎生中，最常見的是「卵黃依賴型胎生」，在母親子宮內孵化的小鯊魚，會從自身卵黃獲得營養。研究人員曾在全長10公尺的鯨鯊子宮內，發現300尾以上的小鯊魚。另一方面，由母體透過某些方式提供營養的生產方式，稱作「母體依賴型胎生」。沙虎鯊會在子宮內排出無精卵，其他兄弟姊妹會吃下這些卵，也會同類相食；大白鯊會在子宮內壁分泌乳汁或無精卵，餵養子代；鼬鯊會用子宮內充滿營養的液體餵養子代。雙髻鯊類成員則像哺乳類動物一樣有胎盤。

偽裝成岩石狩獵

葉鬚鯊　學名：*Eucrossorhinus dasypogon*

全長1.2公尺。分布於澳洲北部、新幾內亞島周圍的珊瑚礁區域。身體扁平，全身有灰色至黃褐色的細網狀斑紋。除了有迷彩體色外，頭部邊緣的「皮瓣」還有許多大小突起，正好可以擬態成岩石的樣子，在淺海海底埋伏狩獵，將獵物一口吞下。照片為2012年2月，於澳洲大堡礁拍攝到的小型鯊魚捕食現場。

雙髻鯊的胎盤

雙髻鯊為胎生，生產方式類似哺乳類。母鯊有「卵黃囊胎盤」，可將營養直接提供給子代。子宮內的約20隻幼鯊可透過臍帶連接胎盤。

每個幼鯊都被隔壁與薄膜包覆著，不論在胎盤內如何晃動，都不會被臍帶纏住。

用電場感應器狩獵

鯊魚可透過勞倫氏壺腹感應磁場與電場，得知獵物肌肉運動所產生的細微電場變化，藉此捕食獵物。另外，鯊魚可感應到地球磁場，以確定洄游方向。勞倫氏壺腹也有水溫感應器的功能。

回到海中的哺乳類——鯨
擁有各種特殊能力的巨大生物

鯨是生活在海中的大型哺乳類，祖先可追溯到陸地上的哺乳類，為了適應海中生活，改變了身體的外形、捕食方式以及繁殖方式。讓我們來看看鯨的龐大外形與特殊的生活方式吧。

協助 加藤秀弘 日本東京海洋大學 名譽教授，日本鯨類研究所顧問

用愛養育家族中的幼鯨

抹香鯨 齒鯨亞目 抹香鯨科　英文名稱：Sperm whale　學名：*Physeter macrocephalus*

雄鯨 體長約16公尺 體重約45噸　雌鯨 體長約12公尺 體重約20噸

抹香鯨屬於大型齒鯨，不過雄鯨與雌鯨的體格並不一樣。雌鯨會在溫暖海域與幼鯨組成「家族單位」的族群，度過一生。家族單位由彼此有血緣關係的雌鯨構成，多數雌鯨都會帶著自己幼鯨行動。雄鯨成長後會獨自洄游到高緯度的海域。

捨棄陸地，選擇了海洋生活，充滿知性的鯨類生態

鯨的外貌類似魚，卻是會分泌母乳養育子代的哺乳類。學者認為鯨與牛、河馬有共同祖先，後來才分歧演化出鯨類，基因上與河馬最接近。共同祖先可能是河馬的近親，偶蹄目的石炭獸科動物。近年來，鯨類不再歸為鯨目，而是列在鯨偶蹄目。擁有脊椎骨的脊椎動物在演化過程中，是從水中往陸地前進。有些哺乳類像牛一樣適應了陸地生活，有些則像鯨類一樣，再次回到水中生活。

最早的鯨類是在水邊生活名為「巴基鯨」的哺乳動物。巴基鯨仍擁有四隻腳與蹄，不過隨著適應水中生活，前腳逐漸變成了鰭狀，後腳則退化。從陸地回到海洋的鯨類，在海中仍是用肺呼吸，沒有變成用鰓呼吸。

目前已確認的鯨類約有90種，有些演化出過濾食物用的「鯨鬚」，屬於「鬚鯨亞目」；有些則擁有尖銳牙齒，屬於「齒鯨亞目」。兩者都屬於鯨類，但形態與生態有很大的不同。鬚鯨包括藍鯨、露脊鯨、座頭鯨等，種類雖少，卻有不少是大型物種，譬如藍鯨體長就超過了30公尺。另一方面，齒鯨類則包括抹香鯨與各種海豚，僅抹香鯨為大型鯨，其他體型較小。

鬚鯨是大胃王，齒鯨則是老饕

鬚鯨與齒鯨的食性有很大的差異。鬚鯨是大胃王，上顎兩側有200～300根三角形的板狀鯨鬚，會一次吞下大量海水，然後用鯨鬚過濾出小魚或浮游生物等食物，再一口吞下。或許就是因為這種攝食方式會一次吃下大量食物，所以體型才會那麼大。

另一方面，齒鯨類會去追捕魚類、烏賊等自己喜歡的食物。抹香鯨又特別喜歡吃烏賊類，為了吃到深海烏賊（競爭者也比較少）演化出了優異的潛水能力。與什麼都吃的鬚鯨相比，齒鯨會挑選食物，可以說是鯨類中的老饕。

以地球尺度往返游動的鬚鯨與有個性的齒鯨

鬚鯨會在高緯度海域到低緯度海域間長距離洄游，夏天時游到食物豐富的南北極附近寒冷海域生活，冬天則會游到赤道附近的溫暖海域產下並養育子代。在溫暖海域，體溫比較不會被海水奪走，育兒負擔較低，適合養育子代。只有在交配期才會成對行動，並在營養狀態達到標準時進入性成熟時期，到了一定年齡後，身體會停止成長。

另一方面，齒鯨類的各個物種生活方式差異很大，並沒有固定的洄游模式，而是各走各的路，甚至有些齒鯨會一生待在河川中。例如抹香鯨社會性很高，會依照性別與發育階段構成不同的族群。雌鯨與幼鯨的鯨群會在溫暖海域定居，雄鯨長到10歲左右後會另組族群，往食物多的地方洄游。小型雄鯨與中型雄鯨會各自聚集成群，大型雄鯨則會離群獨自生活。而大型雄鯨在打鬥後，獲勝的雄鯨會進入雌鯨群，與多隻雌鯨交配，進入後宮狀態，之後再離開雌鯨群獨自生活。

齒鯨類擁有複雜的社會生態，交流能力也很高。鯨一般會用氣管的袋狀結構發出聲音，與其他同伴聯絡。齒鯨類能聽到高頻率的聲音，會像雷達一樣發出聲音，然後接收回音，以感覺出物體的距離。也有些物種會為了好吃的食物而往深海移動。

鬚鯨與齒鯨便是靠著上述策略，在海中生活至今。牠們的生活方式中，會不會有值得我們人類學習的地方呢？　🪐

在水中悠遊的地球最大生物

藍鯨　鬚鯨亞目鬚鯨科
英文名稱：*Blue Whale*　學名：*Balaenoptera musculus*
體長約26公尺　體重約100噸

全球各地海域都可發現小群或獨自生存的藍鯨，會在赤道地區與極區
之間洄游。已發現個體中有體長達30公尺者，為地球上最大的動物。
流線型的巨大身體靠浮力浮起。背鰭很小，可擺動強而有力的尾鰭在
水中游泳。體型巨大，主食卻是僅數公分的磷蝦。磷蝦是一種類似蝦
的動物性浮游生物，藍鯨一天最多可以吃下4噸的磷蝦。

鯨的身體結構　依照牙齒的有無，可將鯨分成齒鯨與鬚鯨。以下試著比較抹香鯨與小鬚
鯨的身體結構差異。

抹香鯨（齒鯨類）　頭部大，呈方形，擁有尖銳的牙齒。使用「腦油袋」潛入深海，並用聲波捕捉獵物。
雄鯨體長可達16公尺，體重可達60噸。

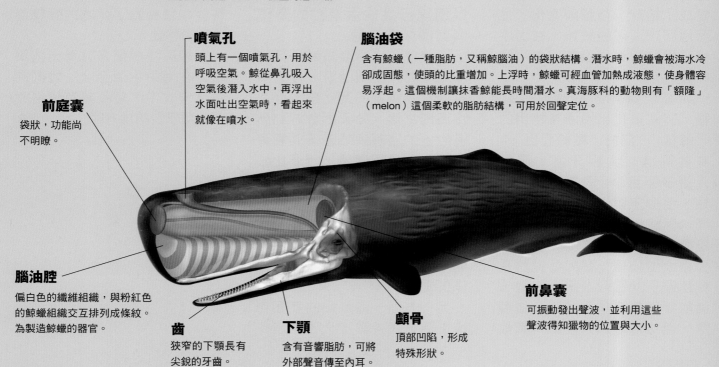

噴氣孔
頭上有一個噴氣孔，用於
呼吸空氣。鯨從鼻孔吸入
空氣後潛入水中，再浮出
水面吐出空氣時，看起來
就像在噴水。

腦油袋
含有鯨蠟（一種脂肪，又稱鯨腦油）的袋狀結構。潛水時，鯨蠟會被海水冷
卻成固態，使頭的比重增加。上浮時，鯨蠟可經血管加熱成液態，使身體容
易浮起。這個機制讓抹香鯨能長時間潛水。真海豚科的動物則有「額隆」
（melon）這個柔軟的脂肪結構，可用於回聲定位。

前庭囊
袋狀，功能尚
不明瞭。

腦油腔
偏白色的纖維組織，與粉紅色
的鯨蠟組織交互排列成條紋。
為製造鯨蠟的器官。

齒
狹窄的下顎長有
尖銳的牙齒。

下顎
含有音響脂肪，可將
外部聲音傳至內耳。

顱骨
頂部凹陷，形成
特殊形狀。

前鼻囊
可振動發出聲波，並利用這些
聲波得知獵物的位置與大小。

座頭鯨會與同伴合作，以獨特的方法狩獵。牠們會一邊往海中吐出泡泡，一邊沿著圓形路線游動，追趕魚群。在座頭鯨發出聲響的同時，往上冒出的泡泡會形成「泡泡網」，將魚群關在中間。照片中的座頭鯨張開大口從海面躍出，將被關住的魚群一口氣吃掉。洄游到阿拉斯加東南部海域的座頭鯨常有這種行為。

小鬚鯨（鬚鯨類）

沒有牙齒，以「鯨鬚」過濾出海水中的魚與浮游動物，再一口吞下。捕食獵物時，小鬚鯨會伸長「喉腹摺」，讓口中能儲存大量海水。

開口時

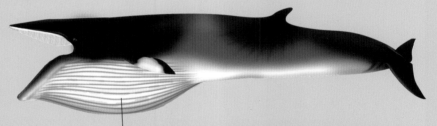

鯨鬚

也稱為鯨鬚板。分布於上顎兩側，共200～300個像梳子般的板狀器官，與指甲一樣由角質構成，捕食獵物時，可發揮濾網的功能。

喉腹摺

下顎下方的細長肌肉，其伸縮可控制口的開闔。小鬚鯨一次至少可吸入約2噸的海水，暫存在口中。體長30公尺左右的藍鯨，口中則可儲存約75噸的海水。

平時

3

真的很厲害！
多采多姿
陸地生物的祕密

第 3章將介紹陸地動物的生態與身體結構。龜甲有什麼樣的結構呢？蛇的頸部是從哪裡到哪裡呢？擁有鳥喙的神奇哺乳類，鴨嘴獸又有什麼樣的生態呢？

協助　平山 廉／松澤慶將／城野哲平／對比地孝亘／疋田 努／遠藤秀紀／淺原正和／東 昭／柴山充弘

擁有銅牆鐵壁般防禦力的龜
長壽的祕訣在於動作遲鈍？

「堅固的龜甲」、「可縮起頭與腳的動作」、「海龜的腳就像船槳一樣」，龜類特殊又可愛的身體結構與動作，究竟藏著什麼樣的祕密呢？

協助
平山 廉 日本早稻田大學 國際教養學系 教授
松澤慶將 日本四國水族館館長、特定非營利活動法人日本海龜協議會會長

蘇卡達象龜
學名：*Geochelone sulcata*
甲長（背甲）：70～85公分
分布：分布於中非（從茅利塔尼亞、塞內加爾到衣索比亞）的半乾燥區域（撒哈拉沙漠周邊）。
特徵：非洲最大的龜。陸龜科中相對不易生病，成長速度也快，可作為寵物飼養，是很受歡迎的大型龜類。

龜甲有兩層結構，無法穿脫

龜甲俗稱龜殼，可以說是龜的註冊商標。龜甲有兩層結構，分別是堅硬表皮層與骨骼層。而且龜不是只有背側有殼（背甲），腹側也有殼（腹甲），兩者彼此相連。背甲與脊椎骨、肋骨等骨骼融為一體，因此龜的身體無法與龜甲分離。插圖為蘇卡達象龜，是一種大型象龜。不過我們常見的陸生龜類與水陸兩生龜類，身體結構基本上沒有太大的差異。

因棲息環境不同，龜類的足部骨骼也有所差異

陸生龜類（陸龜科）　　水陸兩生龜（地龜科）　　水生龜類（海龜科）

股骨

趾骨短　　　　趾骨長

上方插圖顯示，不同棲息環境的龜，左前足的骨骼結構也不一樣（圖中將各個龜類的股骨設為等長）。像是蘇卡達象龜、象龜這種生活在陸地上的龜，腳趾骨頭較短，步行時整隻腳呈柱狀，適合在地面步行或挖洞。另一方面，海龜、鱉等在水中生活的龜，趾骨（圖中紅色部分）較長，前足整體呈現出槳的外形，適合游泳。我們常見的紅耳龜則是水陸兩生龜。

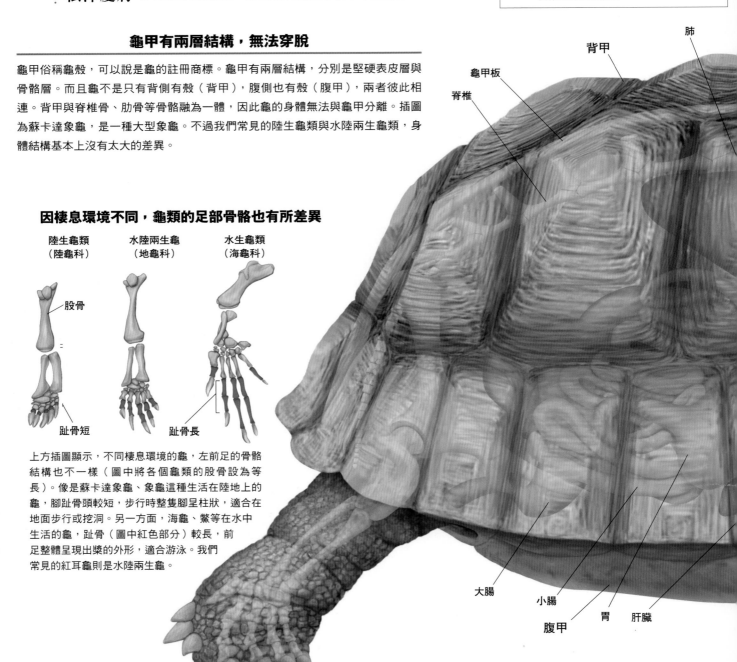

背甲

肺

龜甲板

脊椎

大腸

小腸

腹甲

胃

肝臟

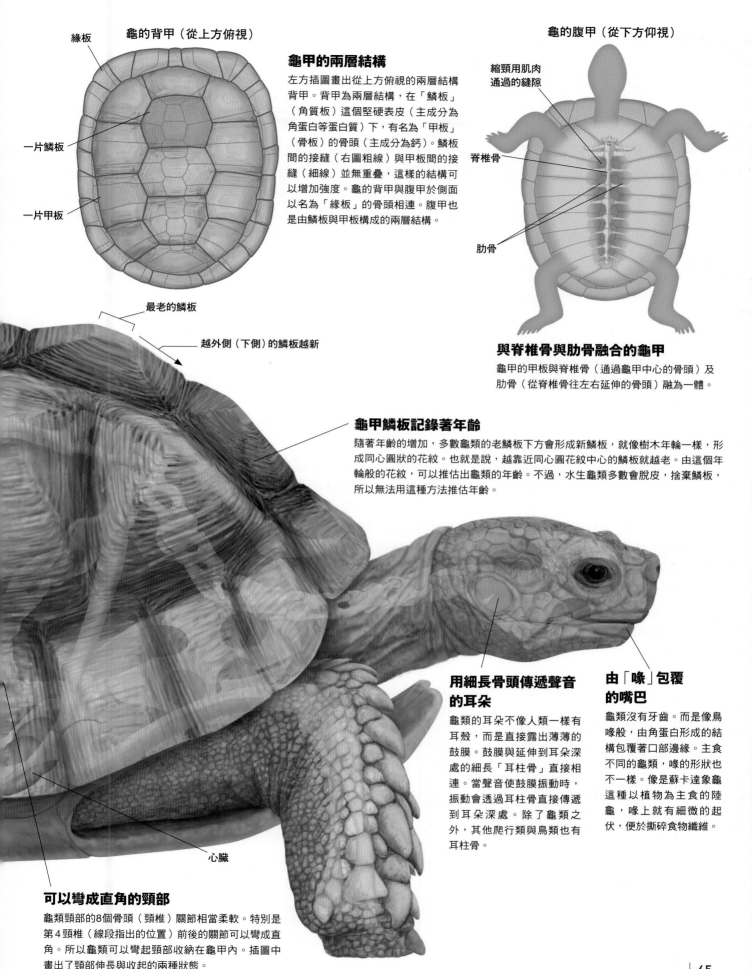

龜的背甲（從上方俯視）

緣板

一片鱗板

一片甲板

最老的鱗板

越外側（下側）的鱗板越新

龜甲的兩層結構

左方插圖畫出從上方俯視的兩層結構背甲。背甲為兩層結構，在「鱗板」（角質板）這個堅硬表皮（主成分為角蛋白等蛋白質）下，有名為「甲板」（骨板）的骨頭（主成分為鈣）。鱗板間的接縫（右圖粗線）與甲板間的接縫（細線）並無重疊，這樣的結構可以增加強度。龜的背甲與腹甲於側面以名為「緣板」的骨頭相連。腹甲也是由鱗板與甲板構成的兩層結構。

龜的腹甲（從下方仰視）

縮頸用肌肉通過的縫隙

脊椎骨

肋骨

與脊椎骨與肋骨融合的龜甲

龜甲的甲板與脊椎骨（通過龜甲中心的骨頭）及肋骨（從脊椎骨往左右延伸的骨頭）融為一體。

龜甲鱗板記錄著年齡

隨著年齡的增加，多數龜類的老鱗板下方會形成新鱗板，就像樹木年輪一樣，形成同心圓狀的花紋。也就是說，越靠近同心圓花紋中心的鱗板就越老。由這個年輪般的花紋，可以推估出龜類的年齡。不過，水生龜類多數會脫皮，捨棄鱗板，所以無法用這種方法推估年齡。

心臟

用細長骨頭傳遞聲音的耳朵

龜類的耳朵不像人類一樣有耳殼，而是直接露出薄薄的鼓膜。鼓膜與延伸到耳朵深處的細長「耳柱骨」直接相連。當聲音使鼓膜振動時，振動會透過耳柱骨直接傳遞到耳朵深處。除了龜類之外，其他爬行類與鳥類也有耳柱骨。

由「喙」包覆的嘴巴

龜類沒有牙齒。而是像鳥喙般，由角蛋白形成的結構包覆著口部邊緣。主食不同的龜類，喙的形狀也不一樣。像是蘇卡達象龜這種以植物為主食的陸龜，喙上就有細微的起伏，便於撕碎食物纖維。

可以彎成直角的頸部

龜類頸部的8個骨頭（頸椎）關節相當柔軟。特別是第4頸椎（線段指出的位置）前後的關節可以彎成直角。所以龜類可以彎起頸部收納在龜甲內。插圖中畫出了頸部伸長與收起的兩種狀態。

棲息地不同的龜類，擁有不同的防禦裝備

龜類背負著笨重龜甲步履蹣跚，有時會突然縮起頭與腳。這種擁有獨特外表、動作的動物，究竟是何時出現在地球上的呢？

獲得龜甲的代價是牙齒退化？

追溯龜類的演化史，祖先可能是恐龍或鱷魚的近親。最古老的龜類化石於2億4000萬年前（中生代三疊紀中期）的地層中發現，其中找到的散亂板狀骨頭，為龜甲的原型。

龜甲似乎是為了防禦當時地球上大量繁衍的恐龍與其他掠食者的裝備，而因此越來越發達。

日本早稻田大學平山廉教授對於龜類的演化相當熟悉，他說：「作為這個防禦裝備的交換，龜類也失去了某些東西。」那就是牙齒。

製造龜甲需要大量的鈣。龜甲會終身成長，所以龜類需要持續攝取鈣質才行，然而隨年齡更換的牙齒也需要鈣質。平山教授補充道：「有限的鈣質已用在龜甲的成長上，所以龜類的牙齒只能退化了。」

縮起頭部與足部的呼吸方式

龜類除了獲得龜甲、牙齒退化之外，還有一個特徵就是頭部與足部能縮進龜甲內。提到龜類，可能會讓人聯想到遲鈍的動作，然而縮頭的動作卻十分迅速。

解剖龜類的背側，可以看到內部有個長長的空間沿著脊椎骨分布，這個空間可以容納從腰部到頸部的狹長肌肉。這個肌肉的強烈收縮力，能讓龜類迅速縮起頸部。

縮起頭足的動作，除了可防禦天敵之外，還有另一個重要功能就是呼吸。龜類用肺呼吸，但龜類沒有橫膈膜，不能像哺乳類那樣用橫膈膜控制呼吸。相對地，龜類可將頸部或足部稍微縮至龜甲內，排出肺中的空氣；若將頸部或足部稍微伸出龜甲，則可吸入空氣。做出縮頸或縮腳動作時，腹部肌肉會擠壓內臟，進一步擠壓肺吐出空氣。不過，龜類還有其他幫助呼吸的方法，譬如使喉嚨反覆膨脹，保持空氣管道暢通。

遲鈍讓龜類長壽

日本有句話說「千年鶴，萬年龜」，可以看出龜的壽命很長。平均而言，龜類的壽命約為100歲，蘇卡達象龜的壽命最長可能超過200歲。為什麼龜類如此長壽呢？

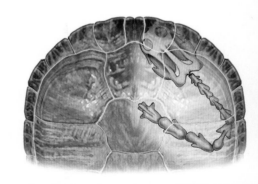

龜的演化史

龜類演化史示意圖。**7**的「箱龜」包含了許多科的物種。在演化出能夠縮起頭與腳的物種後，龜類腹甲上的洞癒合，使龜甲能完全遮住頭與腳，擁有最完整的防禦功能。箱龜目前約有80種。

1.
形成部分龜甲（2.4億年前）

2.
形成完整的龜甲（2.1億年前）

3.
牙齒退化（2億年前）

4.
耳朵演化成與現生龜類幾乎相同的結構（1.8億年前）

5.
頸部可彎曲收納入龜甲（1.6億年前）

6.
鹽腺發達的海龜祖先誕生（1.1億年前）

7.
將頭與腳收納進龜甲後，可完全關閉龜甲的箱龜誕生（2300萬年前）

將頸部水平彎曲，縮入龜甲的側頸龜

側頸龜可將頸部水平彎曲，將頭部、頸部收納在龜甲邊緣，分布於南美、澳洲、非洲等南半球各地。祖先出現於侏儸紀後期（1億6100萬年～1億4600萬年前）。前頁介紹的蘇卡達象龜這種頸部可直角彎曲的龜類，屬於「曲頸龜」。多數龜類都是屬於曲頸龜。

平山教授認為「龜長壽的祕訣在於其動作遲鈍」。「活性氧」是動物壽命的限制之一。動物進行生存必要的化學反應時需要能量，而生產這些能量的過程中，就會產生活性氧。活性氧會傷害基因，造成動物死亡。

平山教授接著解說：「龜類的動作緩慢，甚至不太運動，所以能量的消耗量比較少。也就是說，龜類生產能量過程中所製造的活性氧也比較少，與其他動物相比，比較不會傷害基因，這也讓龜類比較長壽。」

順帶一提，因為消耗的能量少，龜類的食量也比較小。水生龜類以外的龜類，甚至可以一年不吃東西。

為了在海中求生存，演化出海龜

現生龜類有14科，約290種。其中約50種幾乎一生都待在陸地上生活，屬於陸生龜類；另一方面，有8種海龜科與1種革龜科幾乎都在海中生活，屬於水生龜類。水生龜類中，另有25種鱉科龜類與1種兩爪鱉科在淡水中生活。除此之外的龜類則可在陸地及河川中生活。

如左頁圖所示，海龜成員於1億1000萬年前左右誕生。為什麼某些龜類會演化成海龜呢？研究海龜的日本海龜協議會會長，松澤慶將博士認為：「若能在海中生活，就能藉由游泳移動到世界各地。如此一來，龜類就不需在有限區域與其他生物競爭食物，這或許更有利於生存。」

演化出平坦的龜甲與「眼淚」以適應海洋

在海中生活的海龜，有幾個其他龜類所沒有的特徵。首先是第64頁中介紹的槳狀前腳。

另一個特徵則是龜甲的形狀。與其他龜類相比，海龜的龜甲平坦、鱗板表面較光滑。因為有平坦的龜甲與掌部變大的槳狀腳，使海龜的頭與腳無法縮入龜甲內。

松澤博士說：「為了防禦掠食者，海龜做的不是加強龜甲，而是提升游泳能力。能容納頭與腳的圓頂狀龜甲在水中的阻力太大，會妨礙游泳。」另外，海龜背甲與腹甲的連接處較鬆弛，這讓海龜潛入深海，承受強力水壓時，能調整肺與身體的體積。

海龜還有一項在海中生存不可或缺的特徵，那就是排除體內過剩鹽分的機制。海龜眼睛後方有個巨大的「鹽腺」，可排出鹽水。看似在哭泣的海龜其實並不悲傷，牠們眼淚與人類眼淚形成機制並不相同。

腹部近一半都是卵

說到海龜，應該有不少人會聯想到海龜在海邊產卵的樣子吧。譬如赤蠵龜就會在西日本的太平洋側產卵。

海龜每幾年會產一次卵，牠們的肝臟能以體脂肪為原料，製造卵的成分，儲存在卵巢的濾泡中。到了春～夏產卵期，雌龜腹部內有一半被充滿卵的卵巢占據。產卵的準備需耗費半年，所以產卵與否取決於前一年秋天的營養狀態。

濾泡成熟的雌龜會在產卵期之前與雄龜交配，將雄龜的精子儲存在體內，之後便一口氣排出約100顆卵，並用這些精子受精。經過數週時間，受精卵被卵白與卵殼包覆，完成產卵準備後，雌龜便會前往沙灘產卵。雌龜產卵後便會馬上再排卵，準備下一次產卵。這個過程會在一次產卵期中重複數次。

海龜以外的龜類也會將產卵分成多次進行，一次產下數顆～數十顆的卵，且多數龜類會在自己的棲地產卵。不過海龜並不是在自己棲息的海中產卵，而是回到自己出生的沙灘產卵。

多數龜類的幼龜性別，由卵孵化時的溫度決定。以在日本海岸產卵的赤蠵龜為例，若卵孵化時的溫度比29.7°高，則孵化出來的多為雌龜；若低1～2°，則孵化出來的多為雄龜。若為29.7°，則約一半一半。

能快速射出舌頭的變色龍
可在數秒內改變體色濃淡

變色龍主要分布於馬達加斯加與東非，擁有多個其他爬行類所沒有的特徵，包括細長的舌頭、突出的眼睛、華麗的顏色等。本節讓我們一一介紹這些特徵吧。

協助：**城野哲平** 日本京都大學 理學研究科 副教授

可在細小的樹枝上靈活行走，用細長的舌頭捕捉獵物

變色龍在基因上與美洲鬣蜥、多稜龍蜥相近，擁有細長尾巴與末端分岔成兩股的腳，兩者皆為變色龍僅有的特徵，這是為了適應在樹上的生活。

變色龍科共有160種左右，包括豹變色龍、傑克森變色龍、高冠變色龍。這裡要介紹的是擁有鮮艷體色的「豹變色龍」。

豹變色龍

學名　：*Furcifer pardalis*
全長※：雄性約42公分
　　　　雌性約20公分
分布　：馬達加斯加島北部

※從嘴巴尖端到尾巴末端

隨狀況改變的體色

基本上，雄性的體色比雌性更為華麗。在興奮或感受到壓力時，會馬上變色。此外，雌性懷孕時顏色也會改變。常讓人誤解的地方是，變色龍並不會依照周圍景色改變自身體色。

當作「第五隻腳」使用的尾巴

變色龍可分為主要在樹上生活的「樹棲性」物種，以及主要在地面生活的「地棲性」物種。樹棲性變色龍擁有長度相當於體長（從嘴巴尖端到總排泄孔）的細長尾巴。當牠們從樹枝移動到另一根樹枝時，會用尾巴抓住原本的樹枝以支撐身體，再伸出前腳抓住下一根樹枝。因此，變色龍不會像蜥蜴那樣自斷尾巴，即使斷掉也不會再生。地棲性變色龍尾巴通常比較短。

5 4 3

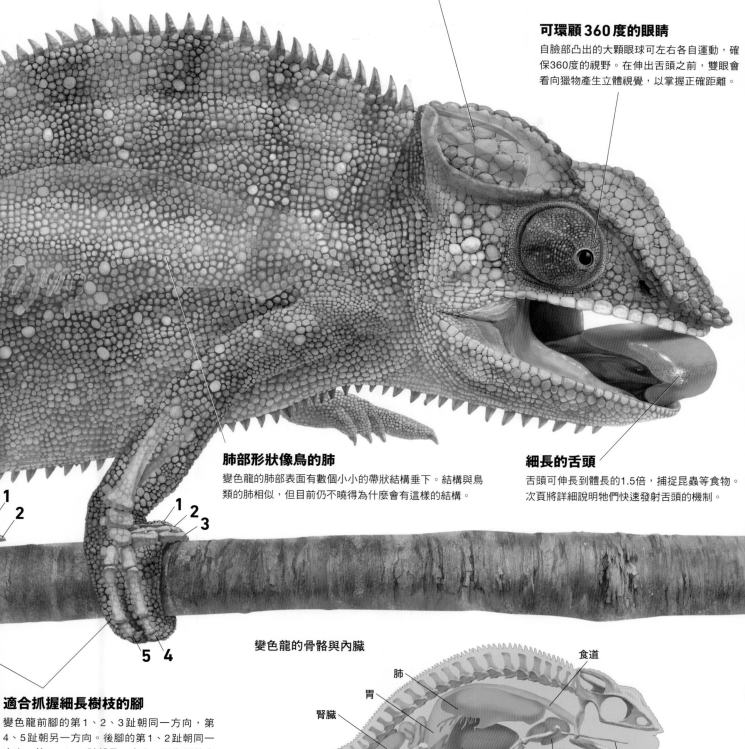

增加咬合力的冠

頭頂凸起的部分稱為「冠」。冠內有發達的肌肉，與下顎的肌肉相連，因此冠越大就表示咬合力越大。不同物種的變色龍，冠與鼻尖上的角形狀也不一樣，形成獨特的臉形（參考第71頁的照片）。

可環顧 360 度的眼睛

自臉部凸出的大顆眼球可左右各自運動，確保360度的視野。在伸出舌頭之前，雙眼會看向獵物產生立體視覺，以掌握正確距離。

肺部形狀像鳥的肺

變色龍的肺部表面有數個小小的帶狀結構垂下。結構與鳥類的肺相似，但目前仍不曉得為什麼會有這樣的結構。

細長的舌頭

舌頭可伸長到體長的1.5倍，捕捉昆蟲等食物。次頁將詳細說明牠們快速發射舌頭的機制。

適合抓握細長樹枝的腳

變色龍前腳的第1、2、3趾朝同一方向，第4、5趾朝另一方向。後腳的第1、2趾朝同一方向，第3、4、5趾朝另一方向。因為腳的末端分成了兩股，使其能穩穩抓住細長的樹枝。另外有研究指出，腳掌部分有纖毛結構，能卡住樹枝表面的細微結構，保持身體穩定。

變色龍的骨骼與內臟

食道
肺
胃
腎臟
心臟
舌骨
肝臟

運用掐住舌骨的力道，快速彈出舌頭

聽到「變色龍」時，常讓人想到這樣的畫面：在熱帶叢林中搖晃著身體，漫步在細長樹枝上，突出的眼睛四處張望，鎖定特定昆蟲後，便會用迅雷不及掩耳的速度射出細長的舌頭……。

變色龍科約有160個物種，不只分布於熱帶雨林，也棲息在莽原、高地等不同的地方。約有七成的變色龍在樹上生活，屬於「樹棲性」；三成主要在地面上生活，屬於「地棲性」。變色龍分布於馬達加斯加島、非洲、南歐，以及斯里蘭卡等印度洋的島嶼。

依照化石與基因研究的結果，變色龍科約在9000萬年前左右誕生於非洲。約在6500萬年前，地棲性變色龍的祖先物種乘著洋流來到馬達加斯加島，接著在約4700萬年前，樹棲性變色龍的祖先也來到了馬達加斯加島。

像手風琴一樣摺疊起來

變色龍的特徵就是長長的舌頭，其舌頭內部有棒狀的「舌骨」。舌骨外的肌肉摺疊成了手風琴風箱的樣子，收納在嘴巴內（參考下方照片與插圖）。

變色龍發射舌頭的機制，就像我們用拇指與食指掐住玻璃珠，然後用力射出玻璃珠的樣子。纏繞在舌骨上的肌肉會掐住舌骨，一用力便會自舌頭末端射出。

舌頭末端形似象鼻鼻尖，可抓住獵物。因此，即使是蝴蝶之類較大的獵物，也能緊緊抓住不失手。

其實無法自由改變體色

應該有不少人認為變色龍可以自由改變體色，例如變成背景顏色吧。事實上，多數變色龍最多只能改變皮膚顏色的亮度，無法依照周圍景色改變。

變色龍表皮覆蓋的鱗片為無色的薄角質，下方真皮層細胞中含有大量「色素細胞」。當色

素細胞凝聚、分散，可讓體色在數秒內變濃或變淡。雄性變色龍改變不同部位的體色時，透露出牠們當下的戰意或是實際戰鬥力。所以雄性進入繁殖期後，體色會變得比較華麗，可吸引雌性注意，或者挑釁其他雄性發起戰鬥。

不過有時變色龍會讓變色狀態維持數日。雌性懷孕時會變身成「懷孕色」，與原本的體色不同。之所以轉變成這種顏色，是為了告訴雄性自己正在懷孕，防止雄性的無效求偶。這種體色變化基本上由激素量控制。

從世界最小到最短命

變色龍科內有各式各樣的物種，分布在世界各地。世界上最小的變色龍是棲息在馬達加斯加島東北部索拉它（Sorata）地區的迷你變色龍（右上方照片，左下）。

雄性個體的體長僅約22毫米，是目前全世界最小的爬行

變色龍獨有的射出舌頭特技

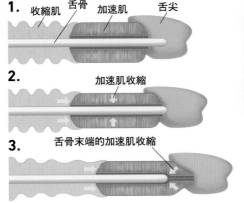

1. 收縮肌　舌骨　加速肌　舌尖

2. 加速肌收縮

3. 舌骨末端的加速肌收縮

4.

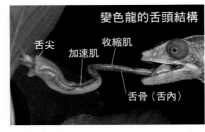

變色龍的舌頭結構

舌尖　加速肌　收縮肌　舌骨（舌內）

變色龍快速射出舌頭的機制示意圖（1）變色龍的舌頭由舌尖、「加速肌」，以及包裹住舌骨的「收縮肌」構成。平常收縮肌會像手風琴的風箱那樣摺疊起來。（2）加速肌收縮時會掐緊舌骨，並橫向延伸，但舌根側已有摺疊的收縮肌，所以加速肌會往舌尖側伸長。（3）加速肌進一步收縮，抵達舌骨末端時，加速肌掐緊的力道會對舌骨施加一個往舌根側的推力。而加速肌就藉由這股力的反作用力，往前方射出。這就和用拇指與食指夾住玻璃珠時，用力一掐，可以射出玻璃珠的原理一樣（玻璃珠相當於舌骨，夾住玻璃珠的手指則相當於加速肌）。（4）收縮加速肌，同時迅速拉直原本呈摺疊狀的收縮肌，便可讓舌頭快速飛出。

各式各樣的變色龍

迷你變色龍的照片：Frank Glaw, Jörn Köhler, Oliver Hawlitschek, Fanomezana M. Ratsoavina, Andolalao Rakotoarison, Mark D. Scherz & Miguel Vences - Glaw, F., Köhler, J., Hawlitschek, O. et al. Extreme miniaturization of a new amniote vertebrate and insights into the evolution of genital size in chameleons. Sci Rep 11, 2522 (2021). doi:10.1038/s41598-020-80955-1

傑克森變色龍

高冠變色龍

迷你變色龍

拉氏變色龍

【左上】有著挺拔三隻角的雄性傑克森變色龍。雌性則幾乎看不到角。雄性為了爭奪雌性而打鬥時，會用這個角攻擊對方。【右上】如名所示，雄性的高冠變色龍就像戴著「高帽子」一樣。雌性的頭部則沒有那麼高。【左下】迷你變色龍是世界上最小的爬行類動物。目前的記錄中僅有雌雄各一個個體。雄性全長（從鼻尖到尾巴末端）21.6毫米，雌性為28.9毫米，雄性個體的全長比其他所有變色龍都小。【右下】世界上壽命最短的陸上脊椎動物，拉氏變色龍。只能活4〜5個月，雄性可成長到25公分，雌性可成長到20公分。

類動物。為什麼這種變色龍會小型化呢？研究變色龍與壁虎的生態專家，根據日本京都大學的城野哲平副教授的說法：「變色龍中較小的物種，多分布於島嶼或高地。島嶼上的食物較少，寒冷的高地令變溫動物難以保持體溫，體型於是變小。雖然我們不確定為什麼迷你變色龍會那麼小，但或許也是適應高地的結果。」

世界上壽命最短的陸地脊椎動物，也在變色龍科內。那就是「拉氏變色龍」（上方照片，右下）。拉氏變色龍在孵化後4〜5個月便會死亡。如此短命的原因，與棲息地的氣候有關。

在活著的這4〜5個月，正逢當地的雨季。也就是說，拉氏變色龍是在卵中度過不下雨的乾季，而在雨季開始時孵化長大，並在雨季結束時產卵、死去。為了在如此嚴苛的環境延續族群，拉氏變色龍選擇了這種奇特的生存方式。

瀕臨滅絕的變色龍

變色龍在全球各地都是很受歡迎的寵物，常遭到濫捕。棲息地多位於開發中國家，故也常因砍伐森林與開發農地而遭破壞，使多數變色龍瀕臨滅絕。為了改善這種狀況，各相關單位將多數變色龍物種列入「華盛頓條約」這個限制野生動植物商業買賣的國際條約中，持續推動變色龍的保護運動。

蛇

蛇的哪裡以下是身體？哪裡以上是頭？

徹底介紹！不可思議的身體結構與特殊能力

蛇是一種沒有腳，細長身體直接連結頭部的爬行類。人們對蛇的印象往往是蜷曲纏繞成圓形，或者扭動身體移動的樣子。但仔細想想看，蛇的哪一段是頸部呢？身體與尾巴的界線又在哪裡呢？另外，蛇還能張開大嘴，把乍看之下大得無法入口的獵物一口吞下。蛇的嘴巴又有什麼特殊結構呢？本節就來徹底介紹蛇的祕密吧。

協助

對比地孝亘 日本國立博物館 地球科學研究部 生命進化史研究團隊

疋田 努 日本京都大學 名譽教授

無數個脊椎骨與多樣的肌肉

細長的身體由120個以上的脊椎骨支撐。肌肉種類很多，有的肌肉連接不同脊椎骨，有的連接脊椎骨與肋骨。脊椎骨之間的關節相當堅固，還可做出複雜的動作。

典型的蛇骨骼

上方骨骼為棲息在南美亞馬遜河流域的「翡翠樹蚺」，為典型的蛇骨骼。前端有小型顱骨，肋骨像鬍子一樣從左右兩邊伸出，約200個「脊椎骨」（構成「脊柱」的骨頭總稱）前後串聯成身體骨架。

翡翠樹蚺全長約為1.2～2公尺（照片中的骨骼全長為1.4公尺左右）。樹棲性，通常會纏繞在樹枝上，無毒。

可當成「腳」的肋骨

腹側肌肉前後收縮，用鱗片抓住地面，可讓身體像履帶一樣「直線前進」。此時，從脊椎骨突出的肋骨可以像腳一樣運動。扭動全身「蛇行」時，會反覆將身體推向地面，讓身體前進。在水中也是靠蛇行前進。在乾燥的沙地或易滑的岩石地，則會抬起上半身，僅用下半身快速移動，以「橫行」方式前進。

可動部件很多的顱骨

蛇能將乍看之下大得無法入口的獵物一口吞下，是因為顎關節可以張得很開。一般動物左右各只有一個顎關節，不過蛇的「方骨」較細長，功能就像可控制兩個點活動的鉸鏈一樣。

蛇的下顎左右骨頭分離，可獨自運動。另外，蜥蜴的翼狀骨與上顎骨皆固定在顱骨上。相對於此，蛇的翼狀骨與上顎骨則可隨著嘴巴的開闔而前後滑動。這些骨頭上都長有往喉部內彎的牙齒，當骨頭像手臂一樣運動時，可將獵物送入喉嚨。

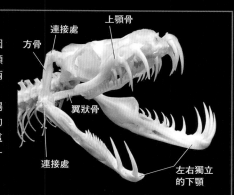

上顎骨
連接處
方骨
翼狀骨
連接處
左右獨立
的下顎

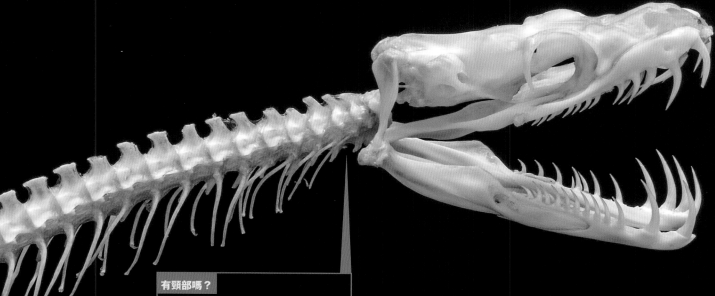

有頸部嗎？

哺乳類與鳥類的頸部脊椎（頸椎）沒有伸出肋骨。仔細觀察蛇的骨骼會發現，顱骨後方（靠尾巴的方向）有兩塊脊椎骨沒有伸出肋骨。那麼，這是蛇的頸部嗎？（詳見76～79頁的解說）

🐍蛇為爬行類的一大勢力　由爬行類的資料庫《The reptile database》可以知道，全球已知爬行類有1萬1048種，其中蛇類就占了4038種。日本棲息著47種與2個亞種的蛇類。

由全身骨骼可以看出蛇遠超過 10 頭身

├─尾（無肋骨）─┤├──────────────細長軀幹（由有肋骨的脊椎骨串聯而成）──────────────┤?├頭┤

顱骨長度為全長的10分之1～20分之1。骨骼大半為有肋骨的脊椎骨，沒有肋骨的脊椎骨為「尾」部。軀幹部分可收納內臟，泄殖孔位於軀幹與尾巴的交界處（第76頁插圖）。

蛇是在陸地上獲得細長身體嗎？還是在海中？蛇的演化樹

蛇誕生於何時？又是如何誕生的呢？現生物種中最早分歧演化出來的種群，其實還留有後腳的痕跡。也就是說，蛇的祖先有腳。牠們先失去了前腳，之後再失去後腳。

與蛇親緣關係最近的生物為巨蜥類（包含蛇蜥類），屬於「有鱗類」（**1**）。有鱗類在距今約2億年前便已生存在地球上，蛇類則在約1億年前誕生。蛇的起源在演化史有兩種說法，分別是陸地起源與海洋起源（上列插圖與下列插圖），目前還沒有結論。

就結果而言，蛇的棲息地擴張到陸地與海洋。平坦的尾巴可以提升游泳能力，身體外形特化成了適合地面生活的樣子，有些種類演化出了毒素，能有效率地獵捕其他動物。這些特徵讓蛇作為掠食者而大量繁衍（**4**）。

適應草叢或土壤？

進入海洋，適應海洋生活？

1. 與蛇親緣關係接近的蜥蜴類

蛇分歧演化自1億4500萬年前～1億年前，白堊紀早期的蜥蜴類（4足有鱗類）。現生物種中，親緣關係與蛇最接近的應為巨蜥類。巨蜥類有分岔的舌頭，頸部偏長。小型巨蜥全長約30公分，大型巨蜥可達1.5公尺。

蛇在演化上的位置？

顳骨內有柔軟的關節為「有鱗類」（綠色線）一大特徵，蛇則是有鱗類下的一個種群。蛇類可以分成兩類，分別是特殊化的「盲蛇類」，與符合一般印象的「真蛇類」。另外，壁虎類與美洲鬣蜥類的系統演化關係有多種說法，本圖為簡化後的演化樹。

早期四足動物
早期爬行類
恐龍類
有鱗類

兩生類 ／ 哺乳類 ／ 龜類 ／ 鳥類 ／ 鱷類 ／ 楔齒蜥類 ／ 壁虎類 ／ 美洲鬣蜥類 ／ 巨蜥類 ／ 盲蛇類 ／ 真蛇類
〔蛇類〕

●陸地起源說較占優勢？　一項發表於2012年7月的研究指出，6500萬年前左右，棲息於北美地區的錐蛇（Coniophis）適應了土壤中的生活，為蛇類的祖先。這項研究支持蛇類的陸地起源說而備受關注。牠的上顎骨與蜥蜴一樣固定在顳骨上，向後彎的牙齒則與蛇類似，被認

2A. 拿轄蛇（Najash）

有後足殘留的陸生蛇類。因為殘留了連接足部與脊椎骨的骨頭，所以被認為是蛇的陸地起源說證據之一。生存於9300萬年前左右的南美，全長估計約1～2公尺。

陸地起源說

有一派說法認為，部分有鱗類在陸地上獲得了細長的身體，失去四足，最後演化成蛇類，這就是「陸地起源說」。為了在叢林或地下捕捉獵物，牠們演化出方便移動的細長體型，並捨棄了不重要的腳。

生活在距今9300萬年前，還殘留後足的「拿轄蛇」（**2A**）就是

海洋起源說

一部分有鱗類進入海洋生活，並在海洋演化出蛇類，這就是「海洋起源說」。牠們為了在海洋中自由活動、捕捉獵物，獲得細長的身體，並捨棄了腳。同樣進入海洋生活的哺乳類也演化出了海豚等動物，演化過程中拉長骨架，並失去腳。

「伸龍類」（**2B**）被認為是最早進入海洋的蛇類祖先。身體看

2B. 伸龍類

生存於白堊紀的水生有鱗類。有細長體型，頸部也很長。伸龍為代表性物種（全長估計為1.5公尺）。主要棲息於歐洲淺海。

為是「演化的過渡物種」。但不確定牠有沒有腳。2015年，研究人員在巴西的白堊紀早期（1億1000萬年前）地層中發現了有四肢的四足蛇。這種動物因為有彎曲的牙齒，被判定為蛇，在牠們身上找不到適應海洋生活的特徵。

4. 現生蛇類

盲蛇類

現生蛇類的兩大類群之一。像蚯蚓一樣適應了地下環境。小型種全長約20公分，大型種則約1公尺。日本有1種盲蛇，分布於琉球群島與小笠原群島等地。

3A. 恐蛇

前後腳都沒有留下痕跡的蛇類中，最古老的一種。陸生，生存於8000萬年前左右的南美，全長估計約2公尺。

森蚺

體重可達100公斤的超重量級物種，甚至可以絞殺鱷魚。蚺類為真蛇類中較早分歧演化出來的種群，森蚺為蚺的成員，分布於南美洲北部，水生，全長6～9公尺。

證據之一。拿轄蛇身上仍留有連接足部與脊椎骨的骨頭。與已滅絕之同體型海生蛇類相比，拿轄蛇較有可能是蛇類祖先。

此外，沒有前後腳之最古老「真」蛇類的「恐蛇」（3A）為陸生。近年來也發現了頭部殘留蜥蜴特徵的陸生物種（🪐）。

海蛇類

多數物種擁有扁平尾巴與條紋圖樣。有卵生物種也有胎生物種，為陸生眼鏡蛇的成員進入海洋後演化出來的物種。全長約1公尺。

起來很虛弱，有四隻腳，體型相對細長。

在白堊紀中期左右，海中已有多種擁有細長身體，且只剩下後腳的海生蛇類。「厚蛇」（3B）就是其中之一。有研究指出，與其他陸生蛇類相比，厚蛇較有可能是蛇類祖先。

眼鏡王蛇

身體最長紀錄可達5.5公尺，為世界上最長的毒蛇。可展開頸部皮膚擺出威嚇姿態而得名。眼鏡蛇成員通常會將毒牙插入獵物體內，麻痺控制呼吸或心搏的神經。棲息於東南亞。

3B. 厚蛇

僅剩下後腳的海生蛇類。為海洋起源說的根據之一。約9800萬年前，歐洲與中東大部分區域為淺海，厚蛇便棲息於這些地方。全長估計為1.5公尺。

日本錦蛇

分布於日本全域的蛇類物種之一。全長1.1～1.9公尺。不同區域或不同個體的體色差異很大。幼體與毒蛇中的日本蝮蛇相近。

蛇的身體充滿祕密

分岔的舌頭與收納區域
分岔的舌頭可自「舌囊」這個管狀結構中伸出、縮入，將氣味傳至口內上側的兩個洞（鋤鼻器官）。

體腔

紅外線感應器
蛇可用名為頰窩的器官感應紅外線，在黑暗中也可捕捉到獵物。

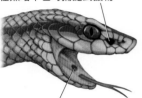

不易窒息的氣管
氣管末端延伸到口內前方，所以吞下獵物時也不易窒息。

心臟

肺
細長氣管的末端有個細長的右肺，左肺則縮小退化。

細長的胃
即使吞下龐大獵物，只要時間足夠便可完全消化。

功能類似泵浦的氣囊
肺的尾側有一部分沒有血管纏繞（氣囊）。氣囊可儲存空氣，當肺無法發揮功能時，氣囊可當作泵浦使用。

泄殖孔
生殖與排泄共用的開口，與腸道相連。交配時，雄性個體會翻出原本收納於泄殖腔尾端的一對袋狀性器，插入雌性個體的泄殖腔，送入精子。

相對較短的尾巴
僅占真蛇全長的百分之20。響尾蛇脫皮後，尾巴末端仍會殘留部分未脫下的鱗片，積年累月產生許多空隙，摩擦這些鱗片便可發出聲音。

蛇的「頸部」在哪裡？這與演化史有關

觀察身體細長、扭來扭去的蛇。仔細想想，蛇的哪裡到哪裡是頸部，哪裡以下是軀幹呢？

蛇的尾巴位置不難辨認（第73頁）。觀察蛇的骨架，脊柱（即脊椎骨）的尾端與軀幹不同，尾端脊椎骨沒有肋骨。另外，有肋骨之脊椎骨與無肋骨之脊椎骨的交接處，為用於生殖及排泄之泄殖孔位置，我們亦可由此判斷尾巴的位置。

那麼，能否用類似方式判斷頸部與軀幹的界線呢？

蛇沒有頸部嗎？還是頸部很短？

一般來說，頸部指的是介於頭與肩之間的部分。當然，蛇沒有肩，光看外表看不出蛇的頸部在哪裡。

骨骼中的頸部指「脊柱之中與顱骨相連的第一塊脊椎骨，到與肋骨、胸骨相連之脊椎骨」的部分。這個部分可以支撐頭部活動，稱作「頸椎」，也就是頸部的骨頭。

那麼，蛇的頸椎在哪裡呢？蛇的脊柱中，從前端到軀幹後端的脊椎骨都長得差不多，沒有明確的區別。

不過蛇的脊柱前端，與顱骨相連的2塊脊椎骨（寰椎、樞椎）形狀比較特殊。那麼，可以把這兩塊骨頭當作蛇的頸部，說「蛇的頸部非常短」嗎？

另外，我們也能把收納消化道、內臟的「體腔」當作軀幹，把它前端到頭的部分稱作頸部。

不過，蛇的體腔前端幾乎就在頭的後端。由這個角度看來，蛇似乎沒有頸部。

或者說，蛇的頸部很長呢？

另一方面，海洋起源說中，蛇最早的祖先伸龍類（第74頁下）有15個左右的頸椎，為頸部很長的動物。如果從這個角度來看的話，也可以說「蛇的頸部很長」不是嗎？

還有種看法認為，頸部內部有氣管與食道通過，所以這些器官占據的部分就是頸部。以蛇而言，因為體型的關係，器官都變得比較細長，氣管與食道也不例外。蛇的氣管與食道位於前方，占了全身的百分之20～30，這比蜥蜴的頸部還要長。另外，與蜥蜴相比，蛇的心臟位置比較靠近尾巴。從這些角度看來，蛇的頸部很長。

頸部說明了脊椎動物的演化史

關於頸部的有無與長度，背後有許多故事。事實上，頸部與脊椎動物的演化史有著密切關係。歸根究柢，脊椎動物之所以能成為脊椎動物，就是因為有脊椎作為身體主幹。

通常，同類動物的頸椎（脊椎的一部份）數目相同。哺乳類有7塊頸椎，幾乎沒有例外。兩生類的蛙類有1塊頸椎，爬行類的蜥蜴有8～9塊左右（下圖）。在鑑定化石種類時，頸部骨頭數為最重要的資訊來源之一。

爬行類的古生物學、比較形態學專家，日本國立科學博物館對比地孝亘博士說：「若知道蛇的頸部是從哪裡到哪裡，就能知道蛇的祖先是什麼動物了。另外，比較鳥與恐龍的頸部，或許就能明白演化成專精於飛行、跑步的鳥類，頸部是如何變化的了。」

頸部如何形成

脊柱的基本型態在受精到出生前（發育過程）的「胚」時期成形。構成頸部的脊椎骨數目，也是在胚的階段固定下來。脊椎骨的數目或許是演化上的偶然，不過脊椎骨的成形機制十分精密複雜，基本上所有脊椎動物的脊椎骨發育過程都差不多。

形成頸部的主角是命名為「Hox」的基因群。在發育過程中，脊柱上各個位置的脊椎骨會分化成頸椎、胸椎或腰椎、尾椎，並生成四肢，而Hox基因則是控制上述過程之物質（蛋白質）的設計圖。不同的Hox基

比較各種動物的「頸部」骨頭

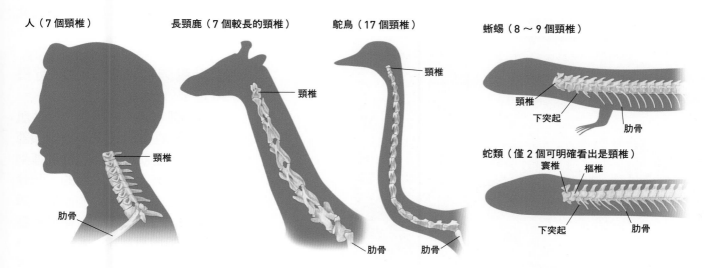

人（7個頸椎）　　頸椎　　肋骨

長頸鹿（7個較長的頸椎）　　頸椎

鴕鳥（17個頸椎）　　頸椎　　肋骨

蜥蜴（8～9個頸椎）　　頸椎　　下突起　　肋骨

蛇類（僅2個可明確看出是頸椎）　　寰椎　　樞椎　　下突起　　肋骨

比較各種脊椎動物的「頸椎」。一般來說，頸椎不與肋骨相連。包含人類在內，幾乎所有哺乳類都有7個頸椎。長頸鹿同為哺乳類，也有7個頸椎，只是每個頸椎都很長，所以頸部也很長。鳥類通常頸椎數目比其他脊椎動物多，頸部也比較長。有些鳥類的頸椎會彎成S狀，所以看起來沒有那麼長，但從骨架的角度來看，頸部仍很長。外觀上頸部很長的鴕鳥，就有17個頸椎。蜥蜴類有8～9個頸椎。與哺乳類或鳥類不同，蜥蜴外觀上為頸部的部分（頭與肩之間），內部的頸椎有往下突起，或者與肋骨相連。蛇類只有最靠近頭部的2個脊椎骨（寰椎、樞椎）與軀幹的脊椎骨有明確的差別，位於這兩個脊椎骨後方的軀幹脊椎骨都與肋骨相連，外觀上皆相同。

因，會以脊柱的不同位置為中心，製造出各自的蛋白質，建構出從頭到尾的體軸。

長頸與短頸的動物有什麼差異

頸部的形成機制如前所述。單個頸椎的長度越長，或者頸椎數目越多，頸部就越長。長頸的代表動物 —— 長頸鹿與人類一樣都有7個頸椎，不過每個頸椎都很長。另一方面，鳥類頸椎有10～20多個，從骨骼的角度來看，鳥類的頸部很長。

那麼，與蛇類親緣關係最近的蜥蜴，頸部長度又是如何呢？先前提到蜥蜴類有8～9個頸椎，這裡的頸椎定義為「與顱骨相連的第一塊脊椎骨，到與肋骨、胸骨相連之脊椎骨」。蜥蜴類的頸椎有個特殊結構，那就是脊椎骨腹側有往下突出的「下突起」。

下突起與肌肉相連，這些肌肉可讓頸部往下移動。

舉例來說，包含蛇與蜥蜴在內的有鱗類中，與共同祖先骨架相似的美洲鬣蜥體內，第5個脊椎骨以前的脊椎骨都有下突起。那麼由蜥蜴分歧演化出來的蛇，是不是也能由下突起的有無，判斷該位置是否為頸部呢？

很多脊椎骨都有下突起……

先說結論，可惜無法從下突起的有無，判斷蛇的頸部到哪裡。

蛇的脊椎骨確實有些有下突起，有些沒有。不過，蛇類有下突起的脊椎骨比蜥蜴還要多。若用這個特徵來判斷哪裡是頸部，就會得到「蛇的頸部很長」這樣的結論。

然而對比地博士說：「靠後方的脊椎骨下突起，並沒有連接到『頸部』相關肌肉。所以就蛇的

情況而言，靠後方的脊椎骨下突起應有其他功能。」

對照蛇以外的無足動物

「頸部」的新定義會考量到肌肉這個要素。對比地博士等人把焦點放在與頸部相連的肌肉，以及軀幹的肌肉上，試圖釐清蛇類的頸部位置。

對比地博士等人試著比較四大類群的動物，包括與蛇類祖先親緣關係較近的蜥蜴類、特化後之現生蛇類兩大演化分歧之一的盲蛇類、符合一般對蛇的印象的真蛇類，以及非蛇類但沒有腳的各種有鱗類。

或許很多人不知道，無足且體型細長其實不是蛇的專利。有些蜥蜴就沒有腳（左方照片）。如同我們在蛇的陸地起源說（第74～75頁）中提到，這是牠們為了適應叢林中或地底下的生活而演化出來的樣子。另外，雖然蜥蜴的樣子很像蛇類，但擁有蛇類所沒有的耳孔、眼瞼，可由此區分兩者。

若以肌肉為指標，頸部可長可短？

與頸部有關的肌肉中，有些肌肉的端點在顱骨上，可控制頭部運動。這些肌肉包括從顱骨連到脊椎骨背側突起或肌腱的「頭棘肌」，連接到脊椎骨側面的「頭半棘肌」，以及連接到脊椎骨腹側的「頭前直肌」。這些肌肉越長表示頸部越長。對比地博士等人從前面提到的動物群中，挑出近30種動物研究，且一併觀察一端連接頸部及軀幹的交界處，另一端連接肋骨的肌肉位置。

乍看之下是蛇，但其實不是蛇

帝王蛇蜥
蛇蜥亞目蛇蜥科
擁有蛇所沒有的耳孔。全長1.1公尺左右，體型偏大。分布於歐洲東部到中東。

除了蛇之外，有些爬行類也沒有腳，這是為了適應叢林或土壤中的生活。對比地博士等人的研究指出，蛇以外的無足爬行類，也出現了與蛇類似的肌肉變化、骨骼變化。另外，無足蜥蜴與四足蜥蜴一樣，會斷尾求生，身上也有蛇類所沒有的耳孔及眼瞼。

觀察肌肉，可以發現「頸部」結構往前後分散

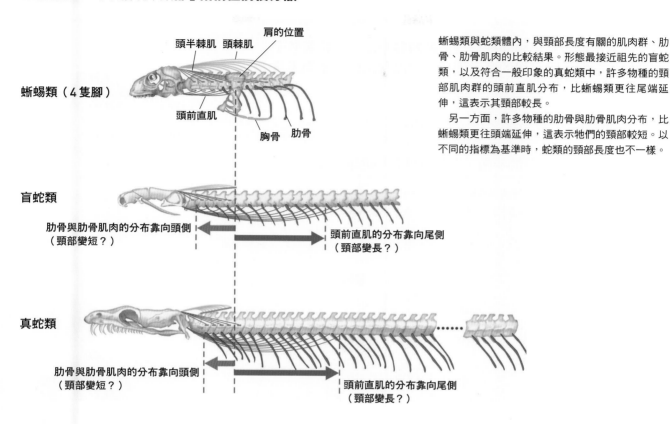

蜥蜴類與蛇類體內，與頸部長度有關的肌肉群、肋骨、肋骨肌肉的比較結果。形態最接近祖先的盲蛇類，以及符合一般印象的真蛇類中，許多物種的頸部肌肉群的頭前直肌分布，比蜥蜴類更往尾端延伸，這表示其頸部較長。

另一方面，許多物種的肋骨與肋骨肌肉分布，比蜥蜴類更往頭端延伸，這表示牠們的頸部較短。以不同的指標為基準時，蛇類的頸部長度也不一樣。

結果發現，蛇的「頸部」可長可短。首先，盲蛇類與真蛇類這兩個類群，從頸部伸出的頭前直肌多比蜥蜴類長。也就是說，如果以頭前直肌為指標，蛇的「頸部」很長。

另一方面，這些物種的肋骨以及與肋骨相連的肌肉，位置大多比蜥蜴還要靠近頭部側，這表示牠們的軀幹前端比較靠近頭部。與以頭前直肌為指標的情況相反，以肋骨為指標時，頸部會變得比較短。

也就是說，原本構成「頸部」的元素，沿著頭—尾的軸線往兩端擴張開來了。沒有腳的蜥蜴也有這樣的傾向。對比地博士表示：「比較各種動物的肌肉後，

否定了蛇沒有頸部的說法，也否定了蛇頸部相當長的說法。比較合理的說法是，無足有鱗類因為沒有肩膀，所以會將原本屬於頸部的元素分散開來。」

負責劃分頸部區域之Hox基因的研究結果也顯示「蛇的『頸部』元素分散開來」。比較蜥蜴與蛇的基因表現，發現蛇的部分Hox基因在頭側與尾側的表現模式顛倒了。

回推蛇類祖先的外觀

以肌肉長度作為指標的研究，被認為是蛇類頸部長度爭論的解決方案之一，結論是「『頸部』範圍並不固定」。對比地博士說道：「頸部長度的標準也跟著改

變了。不過可以確定的是，蛇的軀幹還是很長……。」

另一方面，蛇類演化史的釐清也有所進展。對比地博士的團隊正以現生種的系統演化關係資訊為基礎，回推構成蛇類祖先「頸部」之要素在體內的長度。

舉例來說，若能估計出盲蛇類與真蛇類分歧演化前夕的頭前直肌長度，便能輔助化石研究。讓我們引頸企盼蛇類演化史的謎團煙消雲散的那一天吧。

相當靈巧的貓熊
用第6指緊緊抓住竹子

貓熊又稱大貓熊，是動物園裡很受歡迎的動物之一。抓著竹子一個勁兒的啃食，從可愛的進食模樣，可以看出以竹子為主食的演化軌跡。

協助 ┊ **遠藤秀紀** 日本東京大學 綜合研究博物館 教授

大貓熊

學名：*Ailuropoda melanoleuca*
軀幹長（鼻尖到肛門的長度）：
　　　130 ～ 160 公分
體重：100 ～ 150 公斤
分布：棲息於中國中西部高地，寒冷濕
　　　潤的廣闊竹林。

擁有方便抓握竹子的手指，以及肉食動物的消化道

貓熊與現生熊類有共同祖先，這種共同祖先改以竹子為主食後，便演化出了貓熊。雖然演化出便於抓握竹子的手指骨頭，消化道卻與肉食性的熊沒有太大差異，消化竹子的效率並不高。

棕熊

鉤爪
指骨
掌骨
橈側籽骨
（小於 5 毫米，
圖中看不到）
副腕骨

貓熊

鉤爪
指骨
鉤爪
指骨（拇指只有 2 個）
掌骨（手掌的骨頭）
橈側籽骨
（40 毫米以上）
副腕骨

演化過程中，第六根「手指」變大了

比較貓熊的指骨與同屬熊科的棕熊指骨（上圖）。插圖描繪的是左手手背的樣子，可以看出兩種熊的手掌中，與掌骨（手掌的骨頭）相連的「橈側籽骨」大小有很大的差別。這個骨頭是讓貓熊能穩穩抓握竹子的關鍵（下圖）。

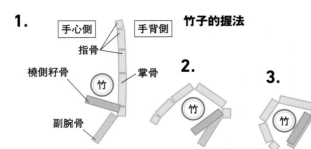

1. 手心側　手背側　　**竹子的握法**
指骨
橈側籽骨　　掌骨
竹
副腕骨

2. 竹

3. 竹

貓熊用右手抓握竹子的橫剖面示意圖（**1**）橈側籽骨固定在掌骨上，無法自由移動，所以當手掌握起時，橈側籽骨也會一起往前傾（**2**）若手掌握得較深，橈側籽骨的方向便會與小指側手腕處突出的「副腕骨」轉為同向（**3**）如此一來，橈側籽骨、五根手指、副腕骨就能圍繞出一個空間，穩穩抓住竹子。

貓熊的頭蓋骨

顳肌

嚼肌

啃咬堅硬竹子的肌肉相當發達

貓熊為了嚼碎堅硬的竹子，在演化過程中，拉起下顎的臉頰肌肉（嚼肌）與太陽穴後方的肌肉（顳肌）增厚發達。

黑白相間的外表

耳朵、眼睛周圍、鼻子、前腳、後腳、肩膀為黑色，其他部分皆被白色體毛覆蓋。

竹子消化效率不佳的腸道

貓熊腸道的結構與長度和熊科其他動物相同，長度約 8 公尺。儘管貓熊的主食為竹子，但腸道卻不像其他植食動物那麼長（譬如馬的腸道可達20～30公尺），也沒有分解植物必要的複雜結構（將於次頁詳細介紹）。因此，貓熊無法有效率地消化竹子，一天有一半以上的時間都在進食以補充營養。

無法抓握物體的後腳骨頭

貓熊的後腳除了有五根趾骨之外，也有相當於橈側籽骨、副腕骨的骨頭。不過，相當於橈側籽骨的骨頭不像前腳那麼大，所以無法抓握物體。

需要大量進食是因為沒有成為真正的植食動物

外觀黑白相間、體型龐大、穩坐一角，抓著竹子吃的貓熊，擁有獨特的外貌，是熊類成員之一。貓熊與熊的共同祖先，在距今2000萬年前分歧演化出以竹子為主食，走上了特殊的演化之路。同樣有「貓熊」之名的小貓熊（*Ailurus fulgens*），是由更早階段的共同祖先分歧演化而來，在分類學上並不是熊類。

任職於日本東京大學綜合研究博物館的遠藤秀紀教授，對貓熊身體結構十分熟悉，他說明：「貓熊的祖先棲息於無邊無際的竹林，並不像其他熊類那樣拚命追趕獵物，而是演化成以竹子為主食的動物。」

貓熊有「第六根手指」

不過如果保持熊的身體，卻改以竹子為主食的話會碰到一些問題。那就是手掌很不靈活，難以穩穩抓住竹子。熊的五隻手指上都有銳利的鉤爪，在捕捉獵物時，只要用力彎曲手掌，鉤爪便能充分抓緊獵物，不需複雜的動作。實際上，熊的五根手指只能簡單地彎曲、伸直。

那麼，貓熊是如何靈活抓住竹子的呢？答案是貓熊的「橈側籽骨」，也是俗稱熊貓的第六根手指，這是1930年代才被注意到的骨頭。橈側籽骨是一個能將手臂肌肉力量傳遞給拇指的小骨頭。與其他動物相比，貓熊的橈側籽骨非常大（參考第80頁的插圖）。

從遲鈍的肉食動物轉變成靈活的植食動物

遠藤教授認為，貓熊就是靠著這個第六根指頭緊緊抓住竹子，並發表了以下理論。

若想用第六根手指穩穩抓住竹子，還需要所謂的「第七手

貓熊與植食動物的消化道差異

比較貓熊與牛、馬等典型植食動物的消化道長度與結構。馬或牛的體長為貓熊的2倍左右。把三者體長拉到相同長度，比較三者腸道長度占體長的比例，可以發現馬與牛的腸道還是遠比貓熊還要長。而且，馬與牛的胃、盲腸、結腸可作為「培養槽」，培養可分解纖維素的細菌，擁有複雜的結構。

貓熊

小腸與大腸（盲腸、結腸、直腸）長度共約8公尺。

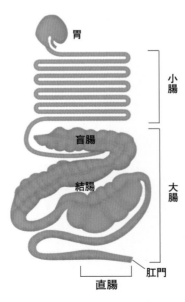

馬

小腸為15～20公尺，大腸（盲腸、結腸、直腸）為8～10公尺。大腸中的盲腸與結腸膨大，為培養細菌的地方。

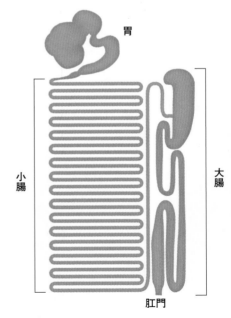

牛

小腸為40～50公尺，大腸（盲腸、結腸、直腸）為10～15公尺。且胃分成了四個，體積共80～150公升，可培養細菌。

左方照片為貓熊的糞。可以看到未消化的竹子被直接排出體外

指」。那就是名為「副腕骨」的大骨頭。橈側籽骨位於拇指側，副腕骨則突出於小指側。四足動物會用前腳的這個骨頭接觸地面。

貓熊為了抓握住竹子而大幅度彎曲手掌時，拇指側的橈側籽骨會與小指側的副腕骨平行。也就是說，手掌兩側分別會有個大大的突起。這兩個突起與五根手指圍起來的空間，剛好可以收納竹子。

貓熊並沒有獲得新的骨頭或肌肉，而是使用祖先已有的骨骼，透過改變使用方式，使其從遲鈍的肉食動物，轉變成靈活的植食動物。

臉變圓是因為一直在啃咬竹子嗎？

改以竹子為主食後，貓熊的臉也出現了變化。貓熊為熊的成員之一，無法像牛或馬等植食動物（草食動物）那樣左右移動下顎、嚼碎草的纖維，只能上下移動下顎。將下顎上提

的肌肉，包括臉頰上的肌肉，以及太陽穴附近的肌肉。貓熊的這兩塊肌肉相當發達。

遠藤教授說：「為了咬碎纖維堅硬的竹子，貓熊用於提起下顎的肌肉增厚發達，這可能是貓熊的臉逐漸變圓的原因。」

大量進食的原因在消化道上

聽到貓熊，應該會聯想到一直坐著吃竹子的樣子。事實上，貓熊的一天內，有一半以上的時間在進食。

貓熊之所以花那麼多時間進食，是因為沒有植食用的消化道。貓熊的消化道與熊類似，仍保持著肉食動物的樣貌。

肉食動物與植食動物的消化道長度、結構有很大的差異。植食動物需要分解植物的纖維素，但動物本身並沒有能分解纖維素的酵素，所以會在腸胃中飼養能分解纖維素的細菌。

為了確保這些細菌的「培養槽」，植食動物的胃、盲腸、結腸變得很大（左頁插圖）。另

外，消化植物並不容易，所以植食動物的腸道明顯比肉食動物還要長。

不過貓熊的消化道長度與結構仍保持著肉食熊類的樣子，消化效率非常差。所以牠們吃下去的竹子幾乎都保持著未消化的樣子，形成糞便排出（左方照片）。

貓熊的消化道不適合植食，為了攝取充分的營養，牠們需吃下大量食物才行，一天需吃下10～20公斤（約一成體重）的竹子。

貓熊的身體有為了適應吃竹子而演化出來的部分，也有類似肉食性的熊而沒太大改變的部分。

一年只發情48小時

野生貓熊通常獨自生活，每隻貓熊各自在4～6平方公里的範圍內活動。春天進入繁殖期時，貓熊會開始尋找繁殖對象，像綿羊或山羊那樣發出特別的鳴叫聲，並將肛門分泌的氣味成分塗抹在樹木上，像是在宣告自己的存在。

不過，貓熊在一年中的發情期只有48小時。遠藤教授覺得，或許貓熊就是為了在那麼短的時間內，盡快找到繁殖對象，才會有黑白相間這種顯眼的外觀吧。

若母貓熊在夏初時期交配受精成功，便會在4～5個月之後生產。其中，受精卵在受精後3個月左右才會著床（進入母體子宮，開始發育），從著床到生產，大約只有40～50天。因此，幼崽是在未成熟的狀態下

貓熊在經過90～180天的懷孕期間後，會產下1～2頭幼崽。幼崽約在8～9個月後離乳，並在18個月後離開母貓熊獨立生活。

生產，難以獨自生存（右上方照片）。母貓熊一次生產只會生下一頭幼崽。

人為哺育盛行

綜上所述，貓熊的繁殖能力並不高。而且過去人們為了得到貓熊的毛皮而大肆濫捕，野生貓熊的數量變得相當稀少。

依照1970年代的調查結果，當時貓熊的個體數約有2500頭。1980年代的調查結果則顯示，個體數大幅減少到1100頭。不過在這之後，官方積極保護貓熊的棲息地，2000年的個體數上升到了1600頭，2010年代則回復到1900頭。棲息地面積也有逐漸增加的傾向。

不過，國際自然保護聯盟（IUCN）整理的瀕危物種名錄《IUCN紅色名錄》最新版，將

剛出生的貓熊幼崽

上方照片為剛出生的貓熊幼崽。體重只有成體的千分之 1（100 ～ 150 公克）左右，在生產的 5 ～ 6 週後眼睛才能視物，3 個月後才能走路。身體非常小，被母熊壓扁、失溫的風險很高，死亡率也很高。

貓熊放在「瀕危」（endangered species）的下一個層級「易危」（vulnerable species），目前還不能輕忽牠們的絕種危機。

全世界動物園飼養的貓熊已達600頭，牠們在飼育環境下自然交配，或以人工授精繁殖。

另外，中國會訓練飼養的貓熊回到自然環境，之後再放回森林，回到野生環境。雖然過程緩慢，但成功的例子也在逐漸增加。

貓熊有著惹人憐愛的外貌，是動物園內很受歡迎的動物。

但其體內或許還隱藏著不為人知的演化痕跡。

鼻子像手一樣靈活的象
鼻子可吸起數十公升的水，也可用於群體肢體接觸

擁有長鼻、大耳等特徵的「象」，是動物園內很受歡迎的動物。象擁有形狀特殊的腎臟，所以有人認為其祖先可能是在海中生活。本節讓我們來看象的身體結構與生態吧。

協助：**遠藤秀紀** 日本東京大學 綜合研究博物館 教授

形狀獨特的腎臟，是曾在海中生活的痕跡？
象的腎臟可分成八個區塊，擁有獨特的形狀。有人認為這是象的祖先曾在淺海生活的痕跡（詳情請參考次頁）。

支撐巨大體型的骨盆
為了支撐龐大的身體，象擁有很寬的骨盆、開闊的形狀。像傘一樣張開的骨盆，可使大部分的體重由後腳支撐。

支撐巨大體型的各種特徵

象大致上可以分成非洲象與亞洲象，圖為陸地上的最大動物：非洲象。象為了支撐10噸重的龐大身體，擁有大而廣闊的骨盆，以及粗壯的四肢。象的長鼻內部沒有骨頭，由許多肌肉聚集成形。

後腳
基本上有3隻腳趾，蹄也是3個。

蹄

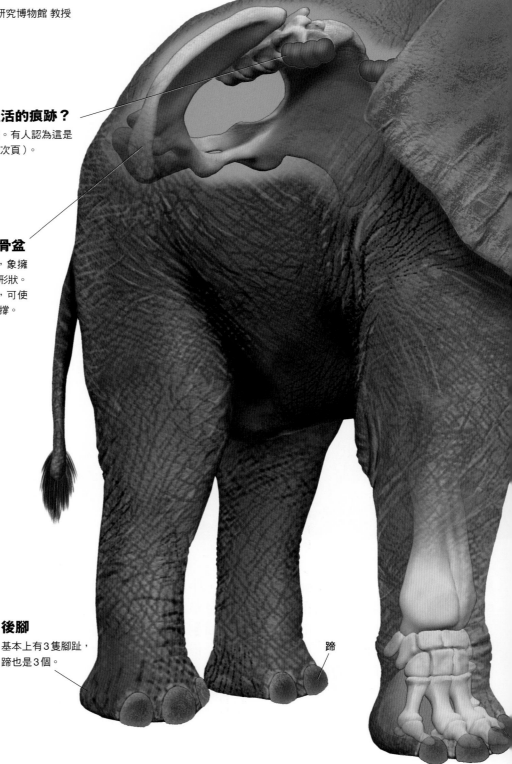

顱骨

顱骨如同海綿一樣，骨骼內有許多空隙，所以很輕。

沒有骨頭，由許多肌肉構成

像手一樣的鼻子

像人類的手一樣，可以抓取植物性食物，或者觸摸其他個體增進親密度。可一次吸起數十公升的水。

上下左右各一個臼齒

象的嘴巴內，上下顎的左右兩側各有1個基礎牙齒（臼齒），共有4個。每個臼齒在一生中會替換五次（詳情請參考第89頁）。

象牙（獠牙）

象牙在象的一生中持續成長，所以一般來說，象牙越長的個體，年紀越大。另外，體型越大的象，象牙通常越長；體型較小的象，象牙通常較短。特別是體型龐大的雄性非洲象，象牙通常也很長。體型小的雌性亞洲象，有些甚至沒有象牙。

用手指站立

腳掌的骨頭離地，也就是說，象靠腳趾站立。骨頭下方有由彈性纖維構成的「緩衝墊」。

前腳

基本上有4隻手指，蹄也是4個。

可以用腳底「聽聲音」

腳底有許多神經聚集，所以象不只能用耳朵聽聲音，也可以用腳底聽聲音（地面震動等）。

彈性纖維的「緩衝墊」

非洲象

學名：*Loxodonta africana*
全長：約5.4～7.5公尺
體重：約2.4～10噸
分布：撒哈拉沙漠南方的非洲全域。

「象可以把鼻子當成吸管來喝水」是真的嗎？

非洲象是陸地上最大的動物，大型個體的體重可達10噸。因為夠大，基本上不大會被獅子等肉食動物攻擊，所以沒有天敵。另外，象出生後沒多久體重便可達到100～150公斤，而且旁邊會有20頭左右，體重達5噸的象包圍著幼象，所以幼象基本上也不會遭受攻擊。

順帶一提，象的時速達30～40公里，雖然體積龐大，但跑得比想像中快。

雖然體積龐大，但生存需要的營養不多

體積大有什麼優點呢？日本東京大學綜合研究博物館的遠藤秀紀教授認為：「體積大在能量代謝上比較有利。」體積龐大的動物，單位體重的表面積較小，比較不容易著涼。因此，體積越大，單位體重需用來維持體溫的熱能越少。也就是說，單位體重需要的營養量越少。

巨大化的象比較不會被其他動物捕食，還能吃到長比較高的植物，也能輕易啃咬樹皮、樹根等堅硬的植物部分。消化效率雖然不高，但能從這些食物一點一點地獲得營養，因而存活下來。

順帶一提，動物園為象準備的食物以蔬菜為主，亞洲象一天會吃100公斤左右的食物。可以想像得到，如果吃的是自然界中營養價值較低的食物，會吃下更多的量。

長長的鼻子能直接喝水嗎？

象的身體相當龐大，嘴巴搆不到地面，而且支撐龐大身體的手腳不能自由活動。彌補龐大身體這個缺點的特徵，就是長長的象鼻。象鼻十分敏感，就像人的手一樣。象鼻上有大量肌肉朝著四面八方延伸，所以能像人的手那樣抓握物體或做出複雜動作。

順帶一提，我們常可在漫畫中看到「象把鼻子當成吸管吸水來喝」的場景。事實上，象鼻吸水後不是直接喝下，而是會把水噴向嘴巴再喝下。

象只能把水吸到鼻子的前三分之一左右，沒辦法直接用鼻子喝水，就像人類用鼻子吸水時會嗆到一樣。

長長的鼻子在海中有甚麼用呢？

有人認為象鼻之所以那麼長，與象的祖先生存的環境有關。這種說法的關鍵在「腎臟」。

人類腎臟呈蠶豆狀，左右各一個。象也是左右各一個腎臟，但一個腎臟可劃分成8個區域，形狀相當特殊。事實上，這種會劃分成多個區域的腎臟，也是在海中生活的鯨，以及大多數時間在海面上生活的北極熊的特徵。

腎臟的功能是過濾出血液中的鹽分。對於大多數時間在海中生活的生物而言，吃下食物把大量鹽分帶進體內，過濾這些鹽分會對腎臟造成很大的負擔。若將腎臟劃分成多個區域，那麼當部分腎臟因負擔過大而失去功能時，

非洲象與亞洲象的差異

以下整理了非洲象與亞洲象（也稱為印度象）的差異。一般來說，非洲象的體格較大，耳朵與象牙也較大。外觀上的明顯差異還包括鼻尖的形狀（下方照片）。非洲象鼻尖往上、下突出，亞洲象則只有一個突出。順帶一提，象可靈活操控鼻尖，就像人的手一樣，不過突起數目並不代表靈活度。

非洲象

突起

頭的形狀	扁平
耳朵	大
鼻尖突起	兩個
前腳蹄數	四個※
後腳蹄數	三個※
體長	5.4～7.5公尺
體重	2.4～10噸
棲息區域	撒哈拉沙漠以南的非洲全域

亞洲象

突起

頭的形狀	瘤狀
耳朵	小
鼻尖突起	一個
前腳蹄數	五個
後腳蹄數	四個
體長	5.5～6.4公尺
體重	3～5噸
棲息區域	印度與東南亞

※ 有些個體的蹄數為前腳五個、後腳四個

仍能保有腎臟整體的功能。這點也因此被認為是象的祖先來自海洋、在水中生活的證據。

象的祖先棲息於西亞，靠海岸的淺海附近。象鼻由肌肉組成，無法留下化石，所以我們不曉得住在海中的象的祖先是否有長鼻。也有一部份的研究者認為「或許在遠岸淺海生活的象，就是把長鼻當成潛水時的呼吸管，在海中游泳」。

非洲象與亞洲象

象大致上可分為兩類：非洲象與亞洲象。非洲象還可分成非洲草原象與非洲森林象兩種，這兩者不只形態有差別，基因上也有些許差異，不過兩者交配後可以生下雜種。

棲息地不同的亞洲象，外觀也不太一樣。特別是隔離於島嶼上的象群，會在各別島嶼上獨立演化，外觀也會出現些許差異。舉例來說，棲息於婆羅洲的婆羅洲象外觀上體型較小，體毛較濃密（日本的福山市立動物園可以看到婆羅洲象）。

用複雜的聲音溝通!?

象的年齡與成熟程度的關係與人類有些相似。象出生後約在12～13歲時性成熟，約20歲時開始產下子代，在45歲前都可產下子代，大約在60～70歲左右死亡。

一般來說，自然界中過了可生殖的年齡後，還能活很長一段時間的動物相當少見。為什麼象在完成傳宗接代的任務後，還會活很長一段時間呢？

象群的生活基本上以母象為中

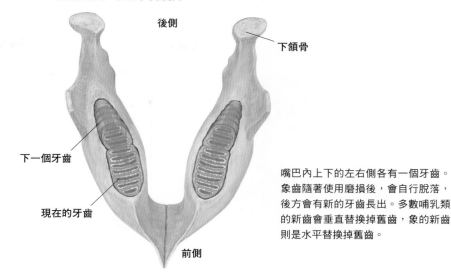

象齒為水平方向替換

後側

下頜骨

下一個牙齒

現在的牙齒

前側

嘴巴內上下的左右側各有一個牙齒。象齒隨著使用磨損後，會自行脫落，後方會有新的牙齒長出。多數哺乳類的新齒會垂直替換掉舊齒，象的新齒則是水平替換掉舊齒。

心。年老的象會活用牠們豐富的經驗，觀察年輕母象如何帶領象群，並適時指導年輕母象，引導象群的發展。

象的頭腦很好，有些研究報告指出象群生活會用聲音溝通。象在傳遞不同訊息時，會用不同的聲音。有些是在人類聽得到的頻率，有些則是人類聽不到的低頻聲音。

介於家畜與野生之間

象與人類之間的交流有很長的歷史。印度從印度河谷文明開始，便使用象拖拉重物，將其視為貴重財產。不過「古文明並沒有控制象的繁殖，所以無法稱象為家畜。我們常稱其為『類家畜』」（遠藤教授）。簡單來說，就是介於家畜與野生之間。公象進入繁殖期時會變得難以控制，是象無法當成家畜繁殖的原因之一。繁殖期的公象很兇暴，即使

是熟練的飼養人員，在象進入繁殖期時也會讓公象暫時回到野生環境。

事實上，不管是非洲象還是亞洲象，每年都有不少人被野生象踐踏而死亡。非洲甚至為了減少象群襲擊人類的事故，試圖調節象的數目。

象的食用文化與保育

現在存活的亞洲象約有3～5萬頭，存活的非洲象約有40萬頭。由於歷史上人類曾為了象牙而濫捕，所以一直有在宣導保護象的必要性。然而不管是非洲還是亞洲，當地文化都有食用象的傳統，因此國際上也在討論如何規範象的捕獵。

長頸鹿

草原中負責警戒的長頸鹿

身高需要特殊的骨骼與血管

長頸鹿是陸生動物中身高最高的動物。長頸鹿的體內隱藏了什麼樣的祕密呢？經歷了什麼樣的演化過程，才有這樣的體型呢？

協助……遠藤秀紀 日本東京大學 綜合研究博物館 教授

長頸鹿科的現生種僅包含長頸鹿與歐卡皮鹿（Okapia）。插圖為動物園中常見的「網紋長頸鹿」（歐卡皮鹿插圖在第93頁）。

長頸鹿
學名：*Giraffa camelopardalis*
全長：雄 4.7～5.3公尺
　　　雌 3.9～4.5公尺
分布：撒哈拉沙漠以南的乾燥莽原與草原

可靈活捲起葉片的舌頭
藍紫色的舌頭長達40～45公分。可以捲到處高處樹枝，拔起葉片吃下。

長頸鹿的顱骨與血管網
門齒　角　腦　臼齒　迷網

打鬥時使用的角
眼睛上方有一對（2根）不算短的角。有些物種在這一對角的前方或後方還有長角。雄性的角較大，會用於打鬥。長頸鹿的角有皮膚覆蓋著。長頸鹿年輕時，角僅由骨頭構成，與顱骨不相連。隨著固體成長，角會逐漸接上顱骨。

頸部骨頭只有七塊
有些雄性成年長頸鹿的脖子超過2.5公尺。不過，頸部骨頭（頸椎）的數目和人類一樣是7個。只是頸椎比較長而已。另外，支撐頸椎的胸椎中，最上方的胸椎（第一胸椎）可以大幅度擺動，有如第八個頸椎。因此，長頸鹿的脖子可以靈活擺動。

第一胸椎

傾斜的軀幹
一般四足動物的前腳與後腳長度相符，所以軀幹幾乎保持水平。不過長頸鹿的前腳比後腳長，所以伸長頸部時，從頸部到腰部呈現出大幅度的傾斜。

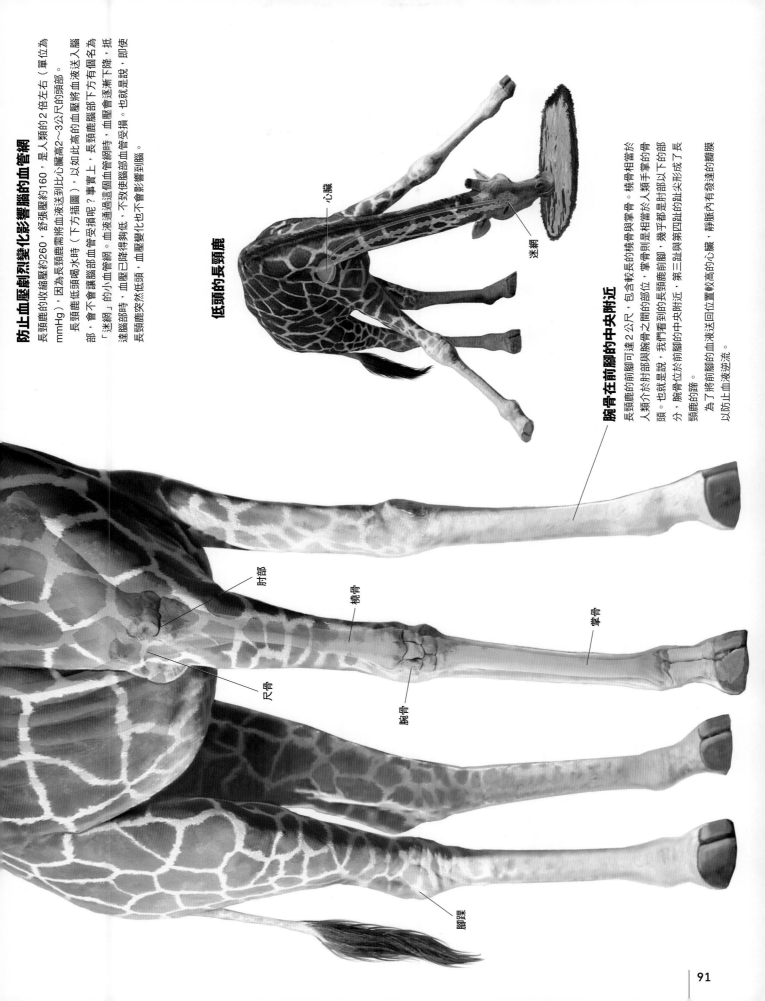

防止血壓劇烈變化影響腦的血管網

長頸鹿的收縮壓約260，舒張壓約160，是人類的2倍左右（單位為mmHg）。因為長頸鹿將血液送到比心臟高2～3公尺的頭部。

長頸鹿低頭喝水時（下方插圖），以如此高的血壓將血液送入腦部，會不會讓腦部血管受損呢？事實上，長頸鹿腦部下方有個名為「迷網」的小血管網。血液通過這個血管網時，血壓會逐漸下降，抵達腦部時，血壓已降得夠低，不致使腦部血管受損。也就是說，即使長頸鹿突然低頭，血壓變化也不怎麼影響到腦。

低頭的長頸鹿

心臟

迷網

腕骨在前腳的中央附近

長頸鹿的前腳可達2公尺，包含較長的橈骨與掌骨。橈骨相當於人類介於肘部與腕骨之間的部位，掌骨則是相當於人類手掌的骨頭。也就是說，我們看到的長頸鹿前腳，幾乎都是肘部以下的部分。腕骨位於前腳的中央附近，第三趾與第四趾的趾尖形成了長頸鹿的蹄。

為了將前腳的血液送回位置較高的心臟，靜脈內有發達的瓣膜以防止血液逆流。

肘部

尺骨

橈骨

腕骨

掌骨

腳踝

不只是為了吃高處的葉子，雄性長頸鹿還會用長脖子打鬥

目前長頸鹿科底下只有長頸鹿與歐卡皮鹿（右方插圖）兩個物種。依照化石與基因學的研究結果，長頸鹿科在2500萬年前左右，由鹿科等其他反芻類的共同祖先分歧演化而來。後來便以「西瓦鹿」、「原利比鹿」等物種為中心，在非洲與歐亞大陸大量繁衍。

不過，長頸鹿科在更新世（約250萬年前～約1萬年前）時衰退，目前僅存長頸鹿與歐卡皮鹿等物種（下方插圖）。

能吃到高處葉子的個體才能留下後代

說到長頸鹿的特徵，就不能不提到那長長的脖子。為什麼長頸鹿的頸部會那麼長呢？

確立演化論的英國自然科學家達爾文在《物種起源》中，針對長頸鹿的長頸部有以下說明：「在缺乏食物的年代，如果有某些個體能搆到比其他個體高一吋或兩吋的地方，這些個體的生存機會應該會比較大吧。（中略）這些個體交配後，身體上某些特殊性質，或是易產生相同變異之傾向，會遺傳給下一代。另一方面，不具這些特徵的個體便會逐漸滅絕」（摘自《物種起源》日文版，八杉龍一譯，岩波文庫）。

達爾文認為，若個體的頸部長度變異對生存有利，那麼該個體會比其他個體更容易生存下來，並將這些有利生存的性質傳遞給子孫，使後代的頸部越來越長。

雄性會用長脖子決定優劣

長頸鹿的長脖子不只能用來吃高處的葉子。舉例來說，從較高的位置環視莽原，可以及早發現獅子、鬣狗等掠食動物。

另外，公長頸鹿爭奪母長頸鹿時，也會用到長脖子。公長頸鹿會劃出一個粗略的活動區域，並與進入這個區域的母長頸鹿交配。若兩頭公長頸鹿相遇，為了確保自己的活動區域，會進行名為「脖擊」的儀式性行為，以爭取自身優勢。會先讓身體同向併排，慢慢甩動脖子輕撞對方，同時用身體往對方壓過去。脖擊通常不會演變成激烈打鬥，輸的一方會自行退開。

但脖擊有時候會演變成真正的打鬥，雙方用身體與頭互相撞擊，如果過於劇烈，甚至會造成其中一方死亡。

戰勝的公長頸鹿可以繁殖，所以到最後只有脖子強又長的公長頸鹿能夠繁殖下一代，而後代也會繼承長脖子的特徵。

綜上所述，因為長脖子可以

長頸鹿的演化
長頸鹿是牛與鹿的「親戚」

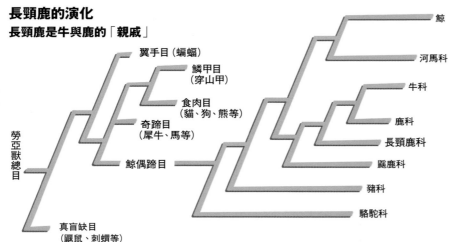

勞亞獸總目

- 翼手目（蝙蝠）
- 鱗甲目（穿山甲）
- 食肉目（貓、狗、熊等）
- 奇蹄目（犀牛、馬等）
- 鯨偶蹄目
- 真盲缺目（鼴鼠、刺蝟等）
- 鯨
- 河馬科
- 牛科
- 鹿科
- 長頸鹿科
- 麝鹿科
- 豬科
- 駱駝科

各種長頸鹿科動物

古長頸鹿
長頸鹿科中最古老的物種，生存於1800萬年前左右。外觀與現生種的歐卡皮鹿相似，肩高約1.5公尺。

原利比鹿
屬小型動物，擁有一對大型板狀角，肩高約1公尺。

西瓦鹿
頸部很短，體型與駝鹿類似。體型高大，肩高約2公尺。

歐卡皮鹿

長頸鹿

上列為長頸鹿科以及近親動物的系統演化關係圖。親緣關係與長頸鹿科相近的動物包括牛科與鹿科動物，兩者與長頸鹿科在演化學上的距離都很小。下列為各種長頸鹿科生物的樣貌，古長頸鹿、原利比鹿、西瓦鹿皆已滅絕。長頸鹿科的現生種僅存歐卡皮鹿與長頸鹿。

獨占高處食物、盡早發現掠食動物，還能獲得較多繁殖機會，所以長頸鹿的頸部越來越長。然而，頸部伸長的過程其實相當複雜，學者仍在研究牠們的頸部在什麼年代伸長，過程又是如何。

吞下的食物會再度回到口中

長頸鹿與牛、鹿同屬於「反芻動物」。所謂的「反芻」，指的是動物將咀嚼後的食物送入胃後，部分食物再送回口中咀嚼，並反覆進行這個過程，以提升食物消化效率的行為。

與其他反芻動物一樣，長頸鹿有四個胃。第一胃與第二胃內有無數微生物，有「培養槽」的功能。這裡的微生物可利用分解植物纖維後得到的營養，大量繁殖。

食物會先進入胃，然後送回口中用牙齒再次磨碎。另一方面，在第一、二個胃內靠分解植物纖維得到養分繁殖的微生物，會在第四個胃中分解、消化，然後送進腸道內，作為養分被腸吸收。也就是說，反芻動物可用吃下的植物培養微生物，然後消化、吸收這些微生物，這表示我們也可以稱長頸鹿為「食微生物動物」。

若靠近長頸鹿觀察，可以看到反芻的食物團沿著長長的食道，緩慢往上回到嘴巴。請您一定要到動物園觀察看看。

常誤認成斑馬的長頸鹿科成員

直到1901年，才有學者在學界中發表了長頸鹿科的另一個物種「歐卡皮鹿」。很少有大型動物到20世紀後才被確認其存在。歐卡皮鹿棲息於非洲剛果

因為美麗的四肢而有「森林貴夫人」之稱

圖為歐卡皮鹿的母子。歐卡皮鹿成體肩高約為1.6公尺，雄性個體比雌性個體稍大一些。雄性有角，雌性無角，為雌雄個體的一大差異。與長頸鹿一樣擁有細長舌頭與兩個蹄，也有迷網結構。

民主共和國的森林，名稱源於原住民語言，意為「住在森林裡的驢」。

歐卡皮鹿有著獨特的條紋外觀。學者研究其毛皮時，誤認為是斑馬類的成員。不過後來的研究中確認歐卡皮鹿與「奇蹄目」的斑馬完全不同，而是與牛、長頸鹿同屬於「偶蹄目」成員（參考左頁的系統演化關係）。

歐卡皮鹿與長頸鹿的共同祖先原本生活在森林中。後來，長頸鹿的祖先移居草原，並適應了草原環境，演化成頸部特別長的體型。

另一方面，歐卡皮鹿則持續生活在森林中，直至今日，體型並沒有太大的改變。歐卡皮鹿生活在森林這種遮蔽物很多的地方，所以聽覺、嗅覺特別發達。耳朵比其他同體型的動物還要大，可以從周圍的聲音判斷天敵或其他生物的動靜。

母長頸鹿與幼長頸鹿有時會組成50頭左右的族群，而歐卡皮鹿只有在哺乳期間母子會一起生活，其他時間基本上是獨立生活。歐卡皮鹿棲息於難以觀察的森林內，警戒心又強，所以目前我們仍不熟悉牠們的生態，還在進行相關研究。

長相可愛卻劇毒的鴨嘴獸
有著類似爬行類特徵的原始哺乳類

身為哺乳類的「鴨嘴獸」，卻擁有鳥類般的喙，也像爬行類一樣會產卵。
體內還潛藏著一些其他哺乳類所沒有的奇特功能。

協助 ┊ **淺原正和** 日本愛知學院大學 教養學院 副教授

生殖器與腸道共用一個出口的單孔類

鴨嘴獸是最原始的哺乳類，單孔類的成員之一。鴨嘴獸與同屬於單孔類的針鼴都是哺乳類，卻都會產卵。單孔類的直腸、泌尿系統、生殖系統共用一個出口（泄殖腔），爬行類與鳥類也有這個特徵。鴨嘴獸是一種同時擁有鳥類、爬行類、哺乳類特徵的神奇生物。

卵巢

鴨嘴獸有兩個卵巢，但右側卵巢不發達，無正常功能。目前仍不曉得為什麼會演化成這個樣子。能正常發揮功能的卵巢只有一個，不過產卵時基本上會產下兩個卵。順帶一提，同屬於單孔類的針鼴，左右卵巢都很發達。

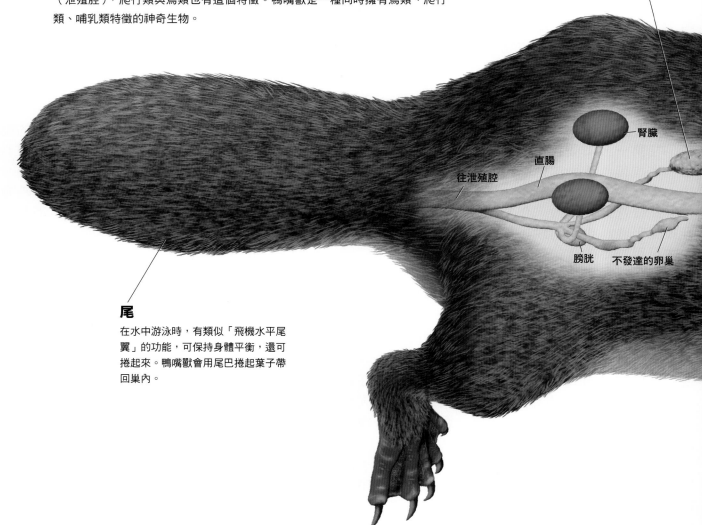

腎臟

直腸

往泄殖腔

膀胱　　不發達的卵巢

尾

在水中游泳時，有類似「飛機水平尾翼」的功能，可保持身體平衡，還可捲起來。鴨嘴獸會用尾巴捲起葉子帶回巢內。

🌑 喙是優異的感覺器官

鴨嘴獸會在晚上時，閉著眼睛待在一片黑暗的河底，用喙攪動河底的泥土尋找食物。之所以能用這種方式覓食，是因為鴨嘴獸的喙是相當特殊的感覺器官。喙的表面有無數個小孔，上面分布著高密度的神經束。而這些小孔正是鴨嘴獸獨有的感覺器官，可分為兩種，分別負責感覺電場與觸覺。特別是用於感覺電場的器官，可以偵測到獵物身體發出的微弱電訊號。鴨嘴獸的電場受器十分靈敏，可以感覺到水中極微弱的電場（0.00005 V/cm）。善用這個感覺器官，讓鴨嘴獸在黑暗環境中也能毫不費力地捉捕獵物。

鴨嘴獸

學名：*Ornithorhynchus anatinus*
全長：約 50 公分
體重：約 1.5 公斤
分布：澳洲東部與塔斯馬尼亞島

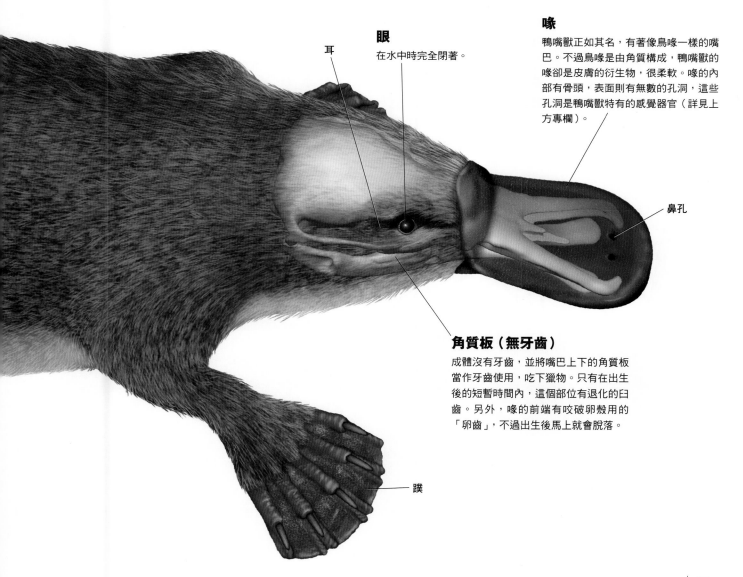

耳

眼
在水中時完全閉著。

喙
鴨嘴獸正如其名，有著像鳥喙一樣的嘴巴。不過鳥喙是由角質構成，鴨嘴獸的喙卻是皮膚的衍生物，很柔軟。喙的內部有骨頭，表面則有無數的孔洞，這些孔洞是鴨嘴獸特有的感覺器官（詳見上方專欄）。

鼻孔

角質板（無牙齒）
成體沒有牙齒，並將嘴巴上下的角質板當作牙齒使用，吃下獵物。只有在出生後的短暫時間內，這個部位有退化的臼齒。另外，喙的前端有咬破卵殼用的「卵齒」，不過出生後馬上就會脫落。

蹼

巢中的育兒方式仍有許多未解之謎

鴨嘴獸是僅棲息於澳洲的哺乳類，多為單獨行動，不會聚集成群。在河邊土壤挖洞築巢而居，從入口到最深處可達數十公尺。

沒有乳房卻能哺乳!?

鴨嘴獸的一大特徵是屬於哺乳類卻會產卵。鴨嘴獸在水中交配，懷孕約三週後就會在巢中產卵，基本上一次能產下兩顆卵。

產卵前，母鴨嘴獸會為生產做準備，在巢穴深處打造一個專用「房間」，並在巢穴外用尾巴夾取適量的草鋪在房間內，為子代準備好適當的環境。產卵後，母鴨嘴獸會將身體與尾巴捲成圓形，為卵保溫。卵略小於2公分，產卵後約10天左右孵化。

剛生出來的子代只有1.5公分左右，沒有毛，外表為膚色，喙很短，還有獨特的角與牙齒，與成體的外觀很不一樣。

鴨嘴獸會哺乳。鴨嘴獸的母親並沒有「乳房」或「乳頭」，鴨嘴獸的乳腺廣布於皮膚之下，分泌母乳時就像是在流汗一樣，自皮膚滲出，子代便是舔舐這些母乳，發育成長。

可能會有人擔心舔拭獲得的母乳量，是否能讓子代順利成長。事實上，鴨嘴獸母乳的養分相當豐富，鴨嘴獸在出生後100天便能急速成長到21公分。哺乳會持續3～4個月。

閉著眼睛在河川內游泳

鴨嘴獸另一個有趣的特徵，就是喙。鴨嘴獸是哺乳類卻有喙，光是這樣就很奇特了。有趣的是，這個喙是皮膚的衍生物，與鳥喙完全不同。

而且喙對鴨嘴獸來說相當重要。鴨嘴獸在水中會閉起眼睛與耳朵。相對地，可以用喙尋找並捕捉河底的昆蟲幼蟲、甲殼類等食物。研究指出，喙上有兩種感覺器官。

一種是感覺電場的器官。整個喙布滿了可感應微弱電場的受體（接受刺激的器官），數目可達4萬個。這些受體可以感應到獵物移動時產生的微弱電場變化。

另一種則是觸覺器官。喙上有6萬個觸覺受器。鴨嘴獸會用喙觸碰、推撞物體，藉此判斷那是什麼。這個觸覺器官甚至可以感受到細微的水流。

有一種說法認為，鴨嘴獸可用不同的感覺器官，分別感受到獵物產生的電場與水流，藉

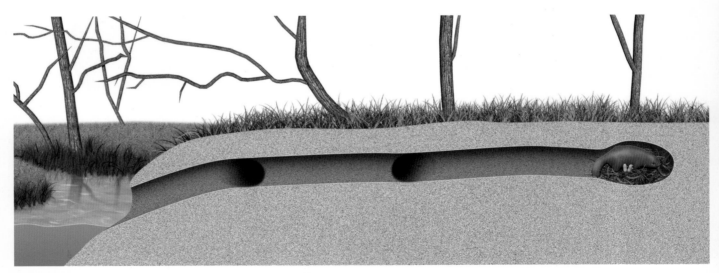

在巢穴產卵及育幼

鴨嘴獸巢穴的示意圖。在河邊挖洞築巢，巢穴深度可達8～30公尺。巢穴不會只有直線，鴨嘴獸還會挖掘許多橫向通道，形成複雜的形狀。會在巢穴最深處產卵，並用葉子鋪在要產卵的地方，打造最舒服的育幼環境。

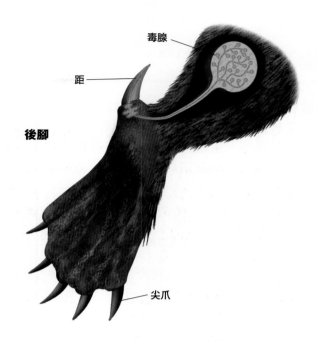

前腳

後腳

毒腺

距

尖爪

鴨嘴獸的前腳與後腳

前腳（左）的蹼很大，大過爪子展開的範圍。鴨嘴獸會用這個蹼靈活游泳，在水中一邊游泳一邊獵捕食物。回到陸地時，蹼會摺起來，如上方插圖所示，改用爪子來挖土築巢。或許是這個原因，野生鴨嘴獸的前腳腳爪通常磨損到很鈍。

　　成體公鴨嘴獸的後腳（右）有所謂的「距」。距的長度約為1.5公分，內部中空，與毒腺相連。母鴨嘴獸小時候也有距，但會隨著成長逐漸消失。距可能是公鴨嘴獸在互相打鬥或攻擊敵人時使用的武器。

由兩者的時間差，判斷獵物的距離。

用劇毒的「毒針」攻擊

　　雄性鴨嘴獸有著可愛的外表，卻帶著劇毒。而且毒性很強，足以毒死狗等中型動物。雄性鴨嘴獸的毒位於後腳，由名為「距」這種類似針頭的爪狀結構分泌（上方插圖）。

　　觀察資料顯示，分泌毒素的毒腺在繁殖期時最大、最發達。所以有人認為這種毒可能是雄性個體在繁殖期，為了爭奪雌性打鬥時使用的武器。

　　不過，研究發現野生鴨嘴獸身上有被距刺傷後治癒的痕跡，看來鴨嘴獸應該對這種毒免疫，即使在雄性個體的鬥爭中，注入少許毒素應該也不至於死亡。

　　此外，有研究指出，單孔類的針鼴從距分泌出來的物質，或許能用來與其他個體溝通。

與爬行類相似的哺乳類，所以相當珍貴

　　鴨嘴獸與針鼴都有一些與爬行類十分相似的特徵，包括直腸、泌尿系統、生殖器都連接到泄殖孔、乳頭不發達、骨骼結構相似等。

　　推測可能在約2億數千萬年前，哺乳類的祖先，合弓類（與哺乳類相似的爬行類）在演化成哺乳類的過程中，有一支類群脫離了這個演化途徑，並保持著當時的形態直到今日。因此，在釐清爬行類到哺乳類的演化史時，鴨嘴獸可以說是相當重要的關鍵，因而備受矚目。在澳洲、南美洲發現已滅絕鴨嘴獸類成員的化石，證實在7000萬年前的中生代末期，南美洲、南極洲就有鴨嘴獸的成員棲息。另外，牠們生存於中生代的祖先，似乎已擁有感覺敏銳的喙（鼻尖）。

在水面奔跑的魔術師 —— 蜥蜴
在水面上奔跑而不沉入水中的方法

動畫中偶爾會出現在水面上移動的忍者，15世紀的發明家達文西還曾描繪過在水上步行的工具，看來古代的人們一直對「用雙腳在水面上移動」這點充滿興趣。生物界中，確實有某些生物能在水面上移動，甚至還能在水面上奔跑。這些生物是如何在水面上移動的呢？或者人類有辦法在水面上奔跑嗎？

協助
東 昭 日本東京大學 名譽教授

柴山充弘 日本綜合科學研究機構 中子科學中心主任，日本東京大學 名譽教授

雙冠蜥（*Basiliscus* sp.）是一種棲息於中美洲森林的蜥蜴，體重約2～500克，卻能在水面上用肉眼跟不上的速度奔跑，是一種相當神奇的動物。除了雙冠蜥之外，還有幾種蜥蜴也能在水面上奔跑。但只有雙冠蜥剛出生時便能在水面上奔跑。

雙冠蜥平時居住在水邊，擅長游泳，也擅長長時間潛水。只有在被鱷魚、蛇等掠食者追趕時，才會展露在水面上奔跑的絕技。數十克重的年輕雙冠蜥可以用後足[1]每秒20步的速度奔跑，前進約1.5公尺。因為聖經上記載，耶穌曾在水面上步行，所以中美洲也將這種能在水面奔跑的雙冠蜥暱稱為「Jesus Christ Lizards」（基督蜥蜴）。

沉下去之前踏出下一步，靠力量在水面奔跑的蜥蜴

那麼，雙冠蜥究竟是如何在水面上奔跑的呢？簡單來說，雙冠蜥的奔跑方式就是在身體快要沉下去之前，往前踏出下一步。

雖說如此，水畢竟是具流動性的液體，一般動物即使想在水面上步行或奔跑，也會因為無法支撐住體重而下沉，必須用其他方式獲得足以支撐體重的力量才行，這種獲得力量的方法才是關鍵。當雙冠蜥在水面上奔跑時，水面發生了什麼事呢？

仔細觀察雙冠蜥的奔跑方式，可以看到雙冠蜥的奔跑為四個階段的快速循環，分別是1.雙冠蜥用後足踩水，2.將足伸到水面下，3.往後划水，4.拔起足往前放下。（右頁下方照片）。以這種方式奔跑時，會有三個力作用於雙冠蜥的身體。

雙冠蜥在水面上奔跑時產生的三種力

首先是雙冠蜥的足由上而下踩向水面的瞬間所產生的「衝擊力」。這個力在足底踩水的瞬間發生，往上支撐住雙冠蜥身體。踩向水面的力量越強，或者足底面積越大，踩到更多水，這個衝擊力就越大。

在產生衝擊力後不久，會產生「浮力」。高速旋轉的腳將水下壓時，腳周圍的水會在水面下形成長度接近雙冠蜥身高的柱狀凹陷（右方實驗照片中較難看得清楚），凹陷內的空氣柱可產生浮力。就像我們拿一個空臉盆放在水面，施力將臉盆往下壓一樣，此時會感覺到水將洗臉盆往上推的力量。雙冠

※1： 本節中提到「足」與「腳」時，表示不同意義。「足」指的是腳踝以下的部分，「腳」則是指腿部以下，包含足的部分。提到昆蟲時，一律以「腳」描述。

在水面奔跑的雙冠蜥（*Basiliscus sp.*）。

雙冠蜥的奔跑方式

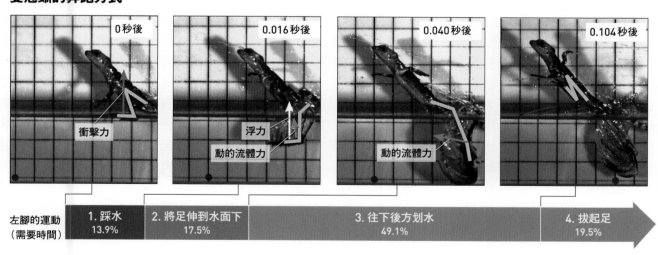

雙冠蜥（20.8克）在水面上奔跑的樣子，以及用高速攝影機拍攝到的樣子（奔跑速度為每秒1.4公尺）。左腳[1]的形狀以黃線表示，背景的方格邊長為2公分。為方便看出移動距離，方格中標出深藍色圓點作為參考點，各畫面中的深藍色圓點位於相同位置。照片下方的粗箭頭註明了左腳隨時的運動。百分比為每個階段動作花費的時間，占一次循環的比例（取11隻體重介於2.8～78克之受測雙冠蜥的平均值）。右腳的運動比左腳晚半個週期（S. Tonia Hsieh, The journal of Experimental Biology, 206, p4363-4377, 2003）。三個顏色的箭頭表示施加在腳上的力，由日本牛頓編輯部自行補充作為輔助說明用，不一定表示該瞬間施加在腳上的精確力道。「黏滯力」與其他施加在身體上的力，將於次頁中詳細說明。

蜥被施加的浮力就像這樣。不過，這個空氣柱凹陷很快就會被破壞，浮力也跟著消失。

接下來會產生「黏滯力」。簡單來說，就是滑水時的阻力。當足部往下或者往後滑動時，就會產生這種黏滯力，支撐上方的身體，並產生往前的推進力，力道強度與划水速度的平方成正比。往上的分力，與前面提到的浮力相加，會略大於支撐體重需要的力。

綜上所述，雙冠蜥之所以不會沉入水中，是因為在牠滑水時，踢向水面瞬間所產生的「衝擊力」、「浮力」以及往上的「黏滯力」，會與身體下沉的力量達成平衡。這個過程中，最重要的是快速循環每個動作，以產生足夠的黏滯力。

另外，雙冠蜥的足掌與腳趾很長，腳趾間還有蹼。划水時，蹼會張開；從水中抽出足時，蹼會閉合。這樣可以使其用足往下拍打水面時，流體合力（衝擊力、浮力、黏滯力）較大；從水中抽出足時，阻力變小。而且為了加強拍打水面的力道，雙冠蜥拍打水面時會大幅旋轉腳部。

水面上的小昆蟲會利用「表面張力」

說到在水面上行走的動物，許多人應該會聯想到水黽吧？雙冠蜥的水面奔跑就像前文說明的一樣，是相當厲害的能力，相對之下，在水面上移動的小昆蟲就沒那麼罕見了。水黽之類的小昆蟲，會利用「表面張力」這種由水表面產生的微小力量，在水面上滑動。

所謂的表面張力，是液態物質為了縮小表面積而產生的力。因為水有表面張力，所以那些腳能彈開水的昆蟲，可以把水面當成彈簧墊，在上面行走（下圖1）。如果與水面接觸的腳可以彈開水，那麼表面張力就能支撐住昆蟲的體重。夠小的昆蟲，甚至還能從水面往上跳。另一方面，如果腳有吸引水的性質，那麼表面張力就會把昆蟲身體往水面拉下去（下圖2，實際例子將於後文詳述）。

水黽的腳上有毛，毛上還有很細微的溝。這些表面上凹凸不平的結構，可以保存空氣，幫助腳彈開水。物質的表面能否彈開水，與表面的「材料」種類有關，表面的結構也能進

一步提高彈開水的能力。這些結構常見於荷葉與其他植物等多種生物。

由於體型不同，雙冠蜥與水黽在水面上前進時使用了不同的力。對於體型較大的雙冠蜥而言，相較於表面張力，可以產生較大的黏滯力，所以主要靠黏滯力推進。另一方面，對於體型較小的水黽而言，可以產生較大的表面張力，所以主要靠表面張力推進。

划水或者分泌物質

靠表面張力浮在水面上的小昆蟲，會用各種方式在水面上移動。

在水面上滑動前進的水黽，六隻腳都可彈開水，中間的兩隻腳可以像船槳一樣划水（右頁照片a）。此時，腳背後會產生漩渦。水黽就是靠著把水往後撥，讓身體往前行進，進而形成漩渦（右頁照片b）。

另外，寬肩蟾（右頁照片c）、隱翅蟲等昆蟲，腳的末端會分泌油脂等物質，助其前進。以寬肩蟾而言，分泌油脂時的前進速度（最快每秒17公分），會是沒分泌時的約2倍。分泌油脂會讓水的表面張力變

靠表面張力浮起
液面在「表面張力」的作用下，傾向縮小液體表面積。表面張力沿著液面方向（切線方向）作用，故浮在液面上的物質會受到紅色箭頭的作用力。

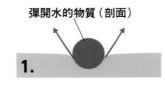
彈開水的物質（剖面）
1.

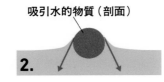
吸引水的物質（剖面）
2.

紅色箭頭：
作用在棒上的力

小昆蟲在水面上的各種移動方式 （參考：Bush & Hu, Annu. Rev. Fluid. Mech. 2006）

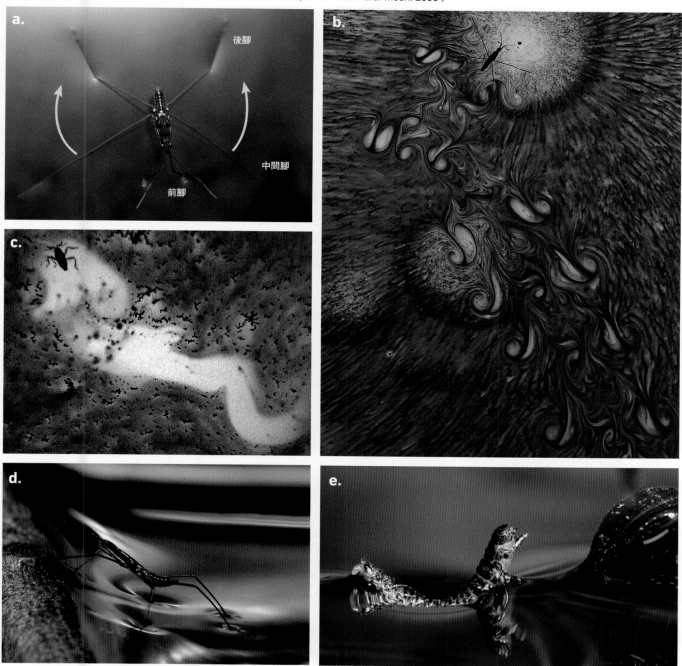

a. 水黽（體長15毫米左右），一對長長的中間腳可以像槳一樣划水，使身體前進。b. 在水面上滑行的水黽（體長約10毫米）。它們將水往後推，使身體前進，所以後方會形成漩渦。c. 寬肩椿（體長數毫米）會分泌油脂，使身體前後的水表面張力出現差異，藉此讓身體前進。圖片中的白色部分即為脂質。d. 尺椿（體長10毫米左右），會用可吸引水的腳抓住水，登上水面的「斜坡」。e. 毛螢葉甲蟲的幼蟲（體長在10毫米以下）反弓起背部，改變水面的形狀，利用表面張力靠近會吸引水的睡蓮葉子。其中，b與c是將水面染色後拍攝到的照片。

得比較小，使前後水面的表面張力出現差異，造成水的流動（也稱為馬蘭哥尼效應，Marangoni effect），推動身體前進。

我們可以用這個原理來製作小玩具。把一張比較硬實的紙摺成船型，在船的尾端黏上肥皂，並使肥皂接觸水面。肥皂會降低水的表面張力，所以只要船浮在水面上，便會隨著肥皂的溶解而前進，成為「肥皂船」。

如何爬上水的「斜坡」？

仔細觀察物體與水面接觸的地方，可以看到因表面張力而形成的「斜坡」。對於體長以毫米為單位的多數水上步行昆蟲而言，這確實是難以攀登的「斜坡」。

不過，尺蟬等部分昆蟲的腳末端會吸引水，故可抓住水面，爬上水面的「斜坡」（前頁照片d）。

而有些昆蟲可以在腳不動的情況下在水面上移動。以睡蓮葉為食的毛螢葉甲蟲幼蟲身體易吸引水，所以很難用腳在水面上移動。不過弓起背部時，就能在腳不動的情況下靠近睡蓮的葉子（前頁照片e）。

在照片e中，右側睡蓮葉片旁的水面有個往上的曲線。由於睡蓮的葉片也會吸引水。此時，葉片與反弓背部之幼蟲間的水面呈U字形。表面張力會沿著這個U字形水面作用，將幼蟲拉向葉片。

這裡提到的毛螢葉甲蟲，以及前面介紹的寬肩蜍中，只要是體重較輕的個體，都能用自己的方式爬上水的「斜坡」。

人可以在水面上奔跑嗎？

以上，我們將在水面上前進的方法分成了兩大類。雙冠蜥可以利用驚人的腳力在水面上奔跑，小型昆蟲則可運用小小的表面張力在水面上行走。那麼，人類該怎麼做，才能在水面上奔跑呢？讓我們一邊整理水面生物支撐身體的方法，一邊思考這個問題吧。

研究各種生物運動的日本東京大學名譽教授東昭認為，水、陸、空等各種生物支撐身體的方法大致上可分成三種。

第一種是靠作用於身體全身的浮力。這種方式沒有身體大小的限制，只要密度比水小，就能浮在水上。

多數生物的比重與水相同，可以浮在水中。鯨是最善於利用浮力的動物，不過，身體的比重使其處於上浮與下沉之間，於是身體會在水面下。對於目標是在水面上行走的動物而言，浮力則相對沒那麼重要。

第二種是靠「面」支撐身體。採用這種方法的生物包括用翅膀拍打空氣飛起來的鳥、用鰭推動水使身體前進的魚等等。用腳底力量在水面上奔跑的雙冠蜥，就是這種類型。

一般來說，以面支撐身體時，體重越大的動物，單位面積需要的支撐力也會比較大。雙冠蜥的體重要是比現在多200克，便難以在水面上奔跑。這麼看來，對於體重遠比雙冠蜥重，腳底面積相對體積的比例也比較小的人類來說，要像雙冠蜥那樣在水面上奔跑，幾乎是不可能的事。

最後則是表面張力。水的表面張力每公尺的接觸邊緣可支撐7克的重量（約70毫牛頓／公尺）。如果要支撐體重為70公斤的人，那麼這個人的腳掌周圍要有10公里才行。即使一個人穿著防潑水超高的鞋子，要是腳掌面積不夠大的話，還是不可能在水面上奔跑。

穿上較大的鞋子後，就能像雙冠蜥一樣奔跑嗎？

那麼，人類究竟要怎麼做，才能在水面上奔跑呢？如果穿上很大的鞋子，可以跑得起來嗎？依照人類的體重，增加「腳掌面積」的話，就可以跑得起來嗎？

有個忍者道具叫作「水蜘蛛」，中央為四方形木板，周圍則是一圈環狀木板。在江戶時代流傳下來的秘笈中，記錄了這種可以讓人在水面上移動的

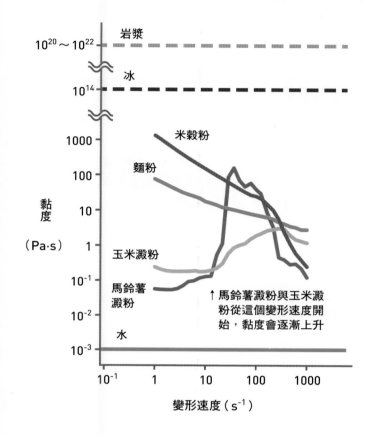

黏度
（Pa·s）

岩漿 $10^{20} \sim 10^{22}$

冰 10^{14}

米穀粉

麵粉

玉米澱粉

馬鈴薯
澱粉 10^{-1}

10^{-2}

水 10^{-3}

↑馬鈴薯澱粉與玉米澱
粉從這個變形速度開
始，黏度會逐漸上升

10^{-1}　　1　　10　　100　　1000

變形速度（s⁻¹）

變形時，粉的硬度也會改變

將粒子大小相似的四種粉加入水中，施力使其變形。含有馬鈴薯粉與玉米澱粉（皆為澱粉）的液體在變形速度上升時，黏度（硬度）會急速增加。另一方面，含有麵粉與米穀粉的液體在變形速度上升時，反而會變軟。前面兩種粉在水中不會溶解，而是保持細小的粒子狀；後面兩種粉沾到水之後則會聚在一起。圖中四種粉的實驗資料由日本東京大學的柴山充弘教授提供。岩漿、冰、水的數值則是參考值（假設冰、岩漿的變形速度不會隨著黏度而改變，為假設的固定數值）。

鞋子。水蜘蛛也出現在許多動畫中（但目前仍不確定水蜘蛛是否真的用於水面步行）。

東教授的概算結果顯示，如果穿上水蜘蛛那麼大的板子，原則上可以讓人在水面上奔跑（假設水蜘蛛是半徑約30公分的圓板，且從水中抽出時，圓板會縮小）。

將粉撒在水中，就可以在水中奔跑

你有在電視上看過「讓人在澱粉與水混合而成的液體上奔跑」的實驗嗎？如果跑得夠

快，就不會沉下去；如果停下來的話，就會沉下去。

這一種現象一般稱為「脹流性」[※2]。「由澱粉與水混合而成之液體」的變形速度越快，液體就越硬（黏度增加），表現得越像固體（參考上圖）。只要與水混合的粉末是很細的粒子（大小約數十微米左右），不管是不是澱粉，不管能否溶於水中，都會產生相同的現象。不過，若水與粒子的體積相當，濃度很高時，就必須充分混合才行。

即使實驗時的液面只有手掌

那麼大，也能從實驗中看出這種神奇的粉末性質，請您一定也要嘗試看看。　　　　🪐

※2：脹流性的英文dilatancy意為「膨脹」。對被水包圍的粒子施力時，粒子會變硬，同時會吸水（被吸入粒子間的空間。從另一個角度來看，也可以說是粒子體積增加）而膨脹，故名為脹流性。

4

真的很厲害！
體型小卻力量大
的昆蟲的祕密

第4章將介紹昆蟲的生態與其具備的驚人能力。獨角仙的角有什麼功能呢？昆蟲會如何使用「費洛蒙」呢？

協助　小檜山賢二／鈴木紀之／小野正人／村上貴弘／東原和成／坂本文夫／黃川田隆洋

粗壯的角最強的象徵 —— 獨角仙

獨角仙

有五隻角的雄蟲、沒有角的雄蟲

獨角仙在孩童之間很受歡迎。世界上有1700種左右的獨角仙，不同種類
的獨角仙，體型大小、角的形狀及數目各不相同。多數種類的雄性有角，
雌性沒有角，但也有些種類的雄性沒有角。本節讓我們用特殊方法攝影，
來看看對焦獨角仙整個身體的照片。

協助、照片 ┊ **小檜山賢二** 日本STU研究所所長、日本慶應義塾大學 名譽教授

聚焦我們熟悉的獨角仙

本節要介紹的是日本相當常見的獨角仙。角的末端分岔成兩
股，每股的末端再分岔成兩股，這是獨角仙的特徵。基本上可以
從角的有無，簡單判斷獨角仙的雌雄。有角的是雄性。

一般來說，獨角仙的角與體型大小，取決於幼蟲時期的食物、
生長環境的氣溫等，使不同個體之間出現差異，另外多少也會受
到遺傳的影響。

孩童的熱門寵物 —— 獨角仙（雄）

獨角仙的成蟲主要以枹櫟、麻櫟等樹木的樹液為食，
也會聚集在豆科植物皂莢上。也因此日本江戶時代
時，埼玉、千葉、東京的部分地區會把獨角仙稱作
「皂莢蟲」。獨角仙主要棲息於印度東部到中南半
島、中國、台灣、朝鮮半島、日本列島（奄美大島除
外）等地。體長為35～87毫米，屬於獨角仙族。

少了「礙事」的角 —— 獨角仙（雌）

如果有角的話，就不方便鑽到落葉下
或是地底下產卵。體長為35～60毫
米，比雄獨角仙小了一圈。

106

張開腳飛行

立起前翅，張開藏在前翅下的後翅，拍撲飛行。飛行時速約為7～11公里。飛行時，為了不要妨礙到翅膀，會盡可能張開六隻腳（圖片中的飛行姿態是用標本重現的樣子）。

頭角

胸角

前翅

後翅

可對焦全身的圖片製作方式

昆蟲很小，拍攝照片時，一般情況下很難對焦到全身每個部位。本節介紹的圖片，是運用「焦點合成」技術拍攝，合成多個昆蟲局部照片，得到整體的樣子。

這類攝影方式大致上可以分成兩種。一種是逐漸改變昆蟲與相機的距離；另一種則是固定昆蟲與相機的距離，但逐漸改變鏡頭焦距。用這兩種方法拍攝約100張照片，再用電腦合成。若再加上人工修正細節，完成一張照片需耗費數天時間。

※：隨著技術的進步，有些相機機種已可自動改變像距，單一相機便可進行焦點疊加。

實際大小

各種「獨角仙」的特色

多數獨角仙雄蟲會到處尋找分泌樹液的地方，並用角與其他雄蟲打鬥。勝利的雄蟲可占領這個食物來源，偶爾也會為了爭奪雌蟲而打鬥。

獨角仙長在頭部的角稱為「頭角」，長在胸部的角稱為「胸角」。打鬥時，獨角仙會用頭角頂向對手，或者把對手舉起。

角的隻數、長度、生長方式，可表現出該種獨角仙的特色。

擁有5隻角 —— 尤犀金龜（雄）

屬於獨角仙族，為尤犀金龜屬中體型最大的物種，擁有5隻角。主要棲息於東南亞的中南半島。體長為50～90毫米。本物種在活著的時候，翅膀為淡奶油色，偶爾呈半透明狀。不過死亡乾燥後會轉變成黃褐色或紅褐色。

雖然長這樣，但其實是雄蟲 —— 喜悅濱邊角圓金龜（雄）

小型獨角仙，胸角不明顯，但確實是雄性個體。主要棲息於澳洲的半沙漠地帶（降雨量比一般沙漠多一些的地區）。體長12～25毫米，屬於角圓金龜族。

實際大小

擁有很寬的「角刷」 —— 長毛扁大兜蟲（雄）

主要棲息於南美洲西部。體長43～50毫米。屬於犀角金龜族。胸角往前方突出，就像雨遮一樣，下方密布細毛。本屬中，這種獨角仙翅膀上的毛最長。

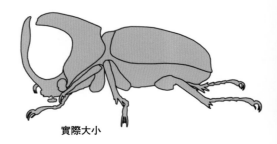

實際大小

就算沒有「角」
也是獨角仙

　　對獨角仙的印象，是體表覆蓋著堅硬外殼，頭上有巨大角的昆蟲。獨角仙與鍬形蟲並列為孩童最喜歡的昆蟲。獨角仙也是日本體型最大的昆蟲之一。

全世界共有約1700種
獨角仙成員

　　全世界的金龜子總科昆蟲共有3萬5000種，其中包含了所有獨角仙類（兜蟲亞科）昆蟲。日本則棲息著約360種金龜子總科昆蟲。「金龜子總科」、「金龜子科」、「兜蟲亞科」的從屬關係請參考右圖。

　　屬於金龜子總科的昆蟲包括鍬形蟲、金龜子、獨角仙等我們熟悉的昆蟲。全世界的兜蟲亞科昆蟲，也就是獨角仙類的成員約有1700種，分為8個族。也就是說，所有獨角仙加起來，只是金龜子科中的一個亞科。

　　若不計日本琉球群島，日本只有獨角仙、微獨角仙這兩種。獨角仙分布於中美洲、南美洲、亞洲、澳洲、非洲的熱帶至溫帶區域。北美洲也有獨角仙，不過種類不多。

即使沒有角，
也是獨角仙類成員

　　獨角仙的雄蟲頭部與胸部通常有角。有些獨角仙有5～6隻角（左頁上方），有些獨角仙角的長度與體長相當，還有些獨角仙的角上有長毛（左頁下方）。獨角仙的日文名字意為「頭盔蟲」，因為雄蟲的角看起來就像日本戰國武將頭盔上的裝飾物。

本節介紹的獨角仙照片由日本慶應義塾大學名譽教授，小檜山賢二拍攝，收錄於2014年7月20日發售的寫真集《兜蟲》（日本 出版藝術社，定價2800日圓）。封面圖像以主要棲息於亞馬遜河流域，體長5公分左右的史蒂貝爾光澤獨角仙（*Megaceras stuebeli*）。

獨角仙的系統分類

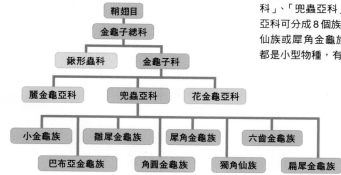

獨角仙指的是「金龜子總科」、「金龜子科」、「兜蟲亞科」底下的所有物種。兜蟲亞科可分成8個族。大型獨角仙多屬於獨角仙族或犀角金龜族。其他族的獨角仙幾乎都是小型物種，有的獨角仙甚至沒有角。

【參考文獻】
日本學研圖鑑《獨角仙‧鍬形蟲》
動物出版的飼養指南《易上手的獨角仙、鍬形蟲飼養方式詳述》

　　不過，有角的昆蟲並不是只有獨角仙。糞金龜、花金龜類的成員中，也有不少種類頭上有角。所以說，頭上有獨角仙般的角，並不是兜蟲亞科昆蟲的必要條件。雖然本書不會詳細說明，不過，是否被分類到兜蟲亞科，並不是依據角的有無，主要是看口器形狀的差異，並藉此與麗金龜亞科、花金龜亞科的物種做出區別。不過，也有若干例外。

　　一般獨角仙雄蟲的頭部與胸部有突出的角，但也有不少獨角仙雄蟲並沒有明顯的角。譬如左頁介紹的「喜悅濱邊角圓金龜」（*Dipelicus optatus*），不論雌雄皆有挖土習性的種類，便不會長角，大多是角陷入胸部的背側。綜上所述，為了應對不同的環境，獨角仙也演化出了各種形態與體色。

即使是小型個體，
也有交配的機會

　　獨角仙雄蟲會用角與其他雄蟲打鬥，爭奪食物以及與雌蟲的交配機會。對獨角仙有深入研究的永井信二先生說：「事實上，角越大並不代表越容易獲勝。小型個體也可能會打敗大型個體，並非完全沒有交配機會。」

　　另外，即使是同一個物種，體型大小也不一定與角的長度成正比。也就是說，體型大不代表角也很大。

　　獨角仙類的成員多為夜行性。獨角仙的生態特徵與其他金龜子類的成員有許多共通點，牠們會被麻櫟等闊葉樹或竹子的樹液、成熟果實、花粉等食物吸引。

會流出苦「血」的瓢蟲
顯眼卻很難吃是這種蟲的特點

瓢蟲在天氣變暖時便會開始活動。日本有很多種瓢蟲，包括會吃蚜蟲的七星瓢蟲、吃菌類的素菌瓢蟲等，可以看出瓢蟲有著多樣化的外表與生態。

協助 ┊ **鈴木紀之** 日本高知大學 農林海洋科學系 副教授

平時收起來的翅膀會在飛行時展開

插圖為瓢蟲中最具代表性的七星瓢蟲。肉眼難以分辨七星瓢蟲的雌雄差異。在堅硬的前翅內，收納著摺疊妥善的後翅，飛行時會大幅展開翅膀飛行。腳末端的毛有吸盤般的功能，可以在光滑的面上步行。

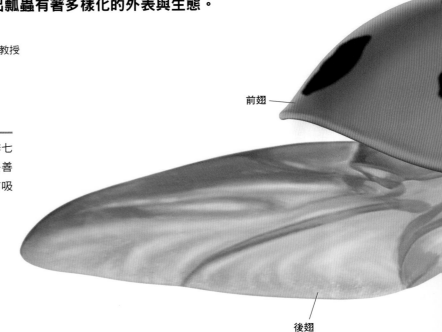

前翅

後翅

七星瓢蟲的身體

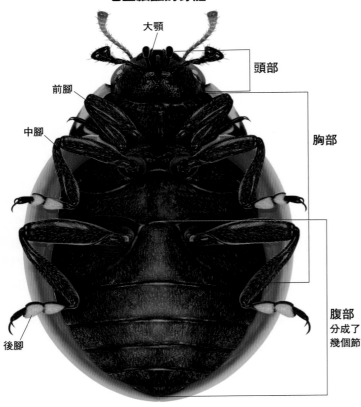

大顎

頭部

前腳

中腳

胸部

後腳

腹部
分成了
幾個節

主要瓢蟲種類
異色瓢蟲 〔肉食〕

以蚜蟲類生物為食。前翅的顏色與「星」（斑紋）的數目相當多樣，如下方插圖所示。體長為5～8毫米。

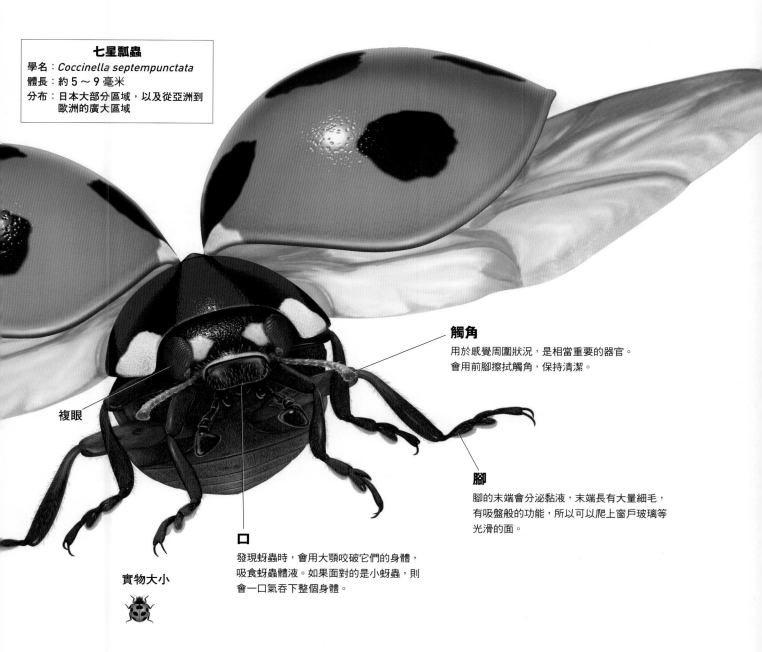

七星瓢蟲
學名：*Coccinella septempunctata*
體長：約 5 ～ 9 毫米
分布：日本大部分區域，以及從亞洲到
　　　歐洲的廣大區域

觸角
用於感覺周圍狀況，是相當重要的器官。
會用前腳擦拭觸角，保持清潔。

複眼

腳
腳的末端會分泌黏液，末端長有大量細毛，
有吸盤般的功能，所以可以爬上窗戶玻璃等
光滑的面。

口
發現蚜蟲時，會用大顎咬破它們的身體，
吸食蚜蟲體液。如果面對的是小蚜蟲，則
會一口氣吞下整個身體。

實物大小

異斑瓢蟲　　肉食
幼蟲以扁葉甲蟲的幼蟲為食。體
長8～12毫米。

茄二十八星瓢蟲　　植食
以馬鈴薯等茄科植物的葉子為食。體長5～7
毫米。肉眼可以看出它們的前翅表面覆蓋著
細毛。

素菌瓢蟲　　菌食
以長在植物上的白粉病原菌等菌類為食。
體長4～5毫米。

流出又苦又臭的「血」以保護自己

每到3～4月天氣回暖時，原本在落葉下休眠的瓢蟲就會開始活動。

瓢蟲指的是瓢蟲科底下的昆蟲，與獨角仙一樣皆屬於甲蟲。較小者體長為1毫米，較大者也不過14毫米。全世界有4000種左右的瓢蟲，日本則棲息著約180種左右。

瓢蟲在日語中稱為「天道蟲」，因為古代的日本人認為瓢蟲會朝著太陽（天道）的方向前進。事實上，瓢蟲有著往上方移動的習性，這可能與其食物蚜蟲生在枝條或莖的末端有關。

有些瓢蟲以菌類為食

對瓢蟲的印象多是七星瓢蟲這種「會吃蚜蟲」的瓢蟲為主。不過，不同瓢蟲的食性差異很大，譬如「茄二十八星瓢蟲」以馬鈴薯等茄科植物的葉子為食，「素菌瓢蟲」則是以菌類為食。

七星瓢蟲會吃害蟲蚜蟲，被視為益蟲。但茄二十八星瓢蟲會吃蔬菜的葉子，所以被視為應消滅的害蟲。這些以植物為食的瓢蟲，前翅通常不光滑，而是長有許多肉眼可見的細毛。

常見的異色瓢蟲

說到瓢蟲，最有名的應該是翅膀上有7顆「星」（斑紋）的七星瓢蟲。日本常可看到星數多變的異色瓢蟲。

瓢蟲的名稱多來自翅膀的「星」數與圖樣。譬如有28個「星」的茄二十八星瓢蟲，或者是圖樣與龜甲類似的異斑瓢蟲。

異色瓢蟲的翅膀圖樣則相當多變，「星」數與顏色各不相同。翅膀顏色可能是橙色，也可能是黑色。星數可能是兩個，也可能是四個，或者更多。異色瓢蟲的翅膀圖樣，遺傳自親代瓢蟲的圖樣。

流出苦「血」保護自己

不知道你捕抓的時候，有沒有看過瓢蟲流出黃色液體的經驗，那其實就是它們的「血」。當瓢蟲感到危險時，就會主動破壞腳的關節膜，流出又臭又苦的體液。這些難吃的體液可以防止自己被吃。瓢蟲幼蟲在抵禦外敵時，也會釋放出相同的體液。

瓢蟲的顯眼花紋，就像是在告訴天敵自己很難吃，屬於一種警戒色。

瓢蟲的黃色體液之中，也含有螞蟻討厭的物質 —— 瓢蟲素（*coccinelline*）。

另外，瓢蟲被觸碰時，可能會進入「假死」狀態，身體僵直不

吃蚜蟲的異色瓢蟲
異色瓢蟲吃蚜蟲的樣子。有研究人員培育了30世代的異色瓢蟲族群，反覆選擇出需要的性狀，成功開發出沒有飛行能力的異色瓢蟲，用於消滅蚜蟲。

瓢蟲的一生

以下整理了瓢蟲的一生。雖然瓢蟲的壽命只有2個月，但在適當條件下，有些個體可以活到1年左右。　　※：以下並非同一個體的圖像

1 產卵的樣子。可以產下30個左右的卵。

2 孵化的樣子。產卵約4日後孵化。

3 幼蟲多次蛻皮成長。

6 翅膀逐漸浮現出圖樣。

5 羽化後翅膀為黃色，上面沒有圖樣。

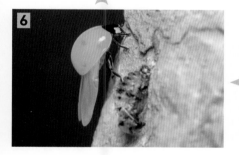

4 結蛹。約在5日後羽化。

動。如果於假死狀態掉落地面，可能會與地面的雜物混在一起，讓天敵找不到。

瓢蟲的天敵

那麼，瓢蟲的天敵是什麼呢？記得瓢蟲很苦很難吃的小鳥，自然不會去吃瓢蟲。瓢蟲的主要天敵為蜘蛛與蜂。

其中，「瓢蟲繭蜂」是專門針對瓢蟲的寄生蜂。瓢蟲繭蜂會將外觀像針的產卵管插入瓢蟲體內產卵。孵化成幼蟲後，會開始吃瓢蟲的體內組織而成長。成長到一定程度後，瓢蟲繭蜂會跑到瓢蟲體外結繭，最後使瓢蟲死亡。除了瓢蟲繭蜂之外，還有數種寄生蟲以瓢蟲為宿主。

一天吃100隻蟲的大食客

瓢蟲的生活史是什麼樣子呢？上方照片為七星瓢蟲的一生。

3月天氣轉暖時，成蟲開始活動。進入4～5月的繁殖期後，瓢蟲會在葉子產下20～40個橄欖球狀的黃色卵。卵會在4天後左右孵化，幼蟲會經歷三次蛻皮，逐漸長大。到了第15日左右結蛹，再過5日左右，便會羽化為成蟲。

順帶一提，七星瓢蟲在盛夏時期會進入休眠狀態（也稱為「夏眠」）。炎熱時，或者說溫度到達時，蚜蟲數會銳減。此時，七星瓢蟲便會在草的基部等涼爽處休息。

七星瓢蟲與異色瓢蟲需要大量蚜蟲作為食物才能成長。特別是

產卵期的雌蟲需要大量進食，一天可以吃下100隻蚜蟲（不過食用數量也取決於蚜蟲的大小）。若想飼養這些瓢蟲，必須先準備好大量蚜蟲才行。

我們也可以活用這些瓢蟲的食性，在田裡釋放瓢蟲，就能在不使用農藥的情況下消滅蚜蟲。

試著找找看瓢蟲

天氣回暖後，請您一定要試著找找瓢蟲並加以觀察。建議在容易出現蚜蟲的玫瑰及艾草等植物上尋找其蹤跡。

靠技術生存下去的蜂群社會
築巢、育幼、戰鬥等多樣化技術

夏天到秋天是蜂群活動盛行的季節。常可看到蜂類在空中徘徊，或者在屋簷下築巢的樣子。說到蜂，一般會浮現出「蜂會刺傷人，是相當危險的昆蟲」的印象。但其實蜂類擁有十分多樣的生態，有些有高度社會性，有些則靠寄生其他動物延續物種。蜂類到底過著什麼樣的生活呢？讓我們一窺蜂類世界的面貌吧。

協助　小野正人　日本玉川大學 農學院 教授，日本學術會議合作會員

高度分工、物種爭鬥 ── 不為人知的蜂類生態

蜂類成員十分多樣，光是棲息在日本的蜂，已確認物種就有4500種。多數蜂類為集體生活（社會性蜂類），如蜜蜂、虎頭蜂（胡蜂）、長腳蜂（馬蜂）等。不過也有少數蜂類並非集體行動（獨居性蜂類），如切葉蜂、螺贏等。蜂類的食性也十分多樣，有些以植物為食，有些以昆蟲為食，有些會寄生在其他生物上，有些則會採集花粉或花蜜為食。

蜂類共同的特徵為四片膜狀翅膀。蜂類屬於「膜翅目」，螞蟻也屬於此目。螞蟻與蜂類在身體結構與生態上有許多共通點。

蜂類的身體可分成頭部、胸部、腹部。頭部有一對複眼與三個單眼。複眼是由許多小眼集合而成的結構，可用於辨識物體的形狀與動作。單眼可能有感知明暗等功能以協助複眼。頭部長有觸角，還有發達的大顎。虎頭蜂等肉食性蜂類會運用它們的顎捕食昆蟲。另一方面，吸食花蜜的蜜蜂，則有吸管狀的發達吻部。

蜂類胸部有發達的「飛翔肌」，可高速拍動翅膀飛行，擁有優異的飛行能力。蜜蜂會拍動翅膀，將風吹入巢中，蒸發掉花蜜的水分，使花蜜濃縮。

某些雌蜂腹部原本用於產卵的器官會轉變成毒針。用蜂針刺其他動物是人們對蜂類的刻板印象，但整體而言，攻擊性高的蜂類並不多，雄蜂甚至沒有針。沙

大顎

吻

蜜胃（蜜囊）

蜜胃內的蜜

花粉團

西方蜜蜂
西方蜜蜂工蜂的示意圖。工蜂體長為1.2～1.4公分，蜂后為1.5～2公分，雄蜂為1.5～1.7公分。蜜蜂工蜂的腹部有個花蜜的儲藏槽，稱作「蜜胃」。將吸到的花蜜儲藏在蜜胃內帶回蜂巢，並將身體沾到的花粉蒐集到腳上，用後腳的接合處擠壓成花粉團。

泥蜂、蜾蠃會用針麻醉獵物。虎頭蜂、蜜蜂等社會性蜂類則會把蜂針當成武器，抵禦攻擊蜂巢的敵人。

寒冷的冬天是蜂類的大敵

社會性蜂類的家族由具繁殖能力的蜂后、雌性工蜂，以及雄蜂構成。工蜂可蒐集食物、築巢，卻不會留下自己的後代。雄蜂與蜂后交配後就會死亡。

進入春天後，熬過冬天的虎頭蜂蜂后便會開始獨自築巢、產卵。卵經過幼蟲、蛹等階段後，轉變為成蟲。蜂后每天都會產卵，所以巢內可以看到不同發育階段的「蜂兒」（蜂的幼蟲、蛹、卵之總稱）。成蟲的壽命大約為30天，工蜂羽化後，會先照顧巢內的幼蟲，數天後開始到巢外工作。進入夏天後，工蜂的數目逐漸增加，蜂巢也快速成長。由此可以看出，蜂群社會為高度分工。

蜂巢只營運到秋天。進入秋天後，會有許多新的蜂后與雄蜂誕生。肉食性的虎頭蜂與長腳蜂，不會集體度過沒有食物的寒冷冬天。完成任務的工蜂就會死亡，蜂巢解散。交配之後，新蜂后會在腹部器官保留雄蜂精子，度過冬天。

另一方面，蜜蜂則會集體度過冬天。蒐集大量花蜜，製成蜂蜜貯藏在巢內，作為度過冬天的能量來源。另外，工蜂會聚集成群，緊貼著彼此的身體，形成名為「蜂球」的塊狀結構，熬過寒冷的冬天。

瞄準黑色會發光的東西攻擊

蜂類在狩獵或阻止天敵靠近巢穴時，會展現出攻擊性。以肉食性的虎頭蜂為例，在工蜂數量多，食物不足的8～9月，會攻擊蜜蜂的蜂巢，奪取蜜蜂的幼蟲與蛹。蜜蜂個體比虎頭蜂小，要是蜂巢被襲擊，就會馬上崩毀。日本蜜蜂對抗虎頭蜂時有一種特殊戰略，集體包圍敵人，形成蜂球悶死敵人（下方照片）。

虎頭蜂的天敵只有人與熊。幼蟲與蛹是良好的蛋白質來源，容易會被天敵盯上，於是虎頭蜂有瞄準黑色發光物體攻擊的習性。事實上，黑色發光的熊鼻、人眼、黑髮等，都是熊或人的弱點，虎頭蜂的策略也有一定道理。不過，虎頭蜂攻擊熊或人的動機只是為了保護蜂巢，只要不受到刺激，也不會無緣無故發動攻擊。雖說如此，我們仍應避免靠近攻擊性高之蜂類的蜂巢。

（撰文：佐藤成美）

日本蜜蜂的「熱殺蜂球」
日本蜜蜂（學名：*Apis cerana japonica*）
大虎頭蜂被日本蜜蜂包圍的樣子。大虎頭蜂為了襲擊日本蜜蜂的蜂巢而前來偵查，卻被數百隻日本蜜蜂包圍。日本蜜蜂震動飛翔肌發熱，會使內部溫度達到46℃以上，藉此悶死被包圍的大虎頭蜂。已知的蜜蜂中，只有棲息區域與大虎頭蜂重疊的日本蜜蜂有這樣的行為。可能是因為只有東亞有這樣的天敵，日本蜜蜂才獨自演化出這樣的策略。參與熱殺蜂球的日本蜜蜂僅限於高齡工蜂，參與熱殺蜂球行動後，原本就所剩不多的壽命會再減半。對蜜蜂來說，這可以說是賭命的行為。

以高攻擊力著稱的大虎頭蜂

到了4月下旬～5月時，度過冬天的大虎頭蜂蜂后會清醒，開始築新的蜂巢。有時甚至會發展成近1000隻蜂的大蜂群，攻擊大型哺乳類。以下就來介紹虎頭蜂的生態。

協助 ┊ **小野正人** 日本玉川大學 農學院 教授，日本學術會議合作會員

大虎頭蜂

學名：*Vespa mandarinia*
體長：工蜂（雌）為 25 ～ 40 毫米，
　　　蜂后（雌）為 40 ～ 45 毫米，
　　　雄蜂為 30 ～ 40 毫米
分布：北海道～九州、東亞

擁有強而有力的大顎與毒針，攻擊力很強

大虎頭蜂的工蜂示意圖。工蜂皆為雌蜂。虎頭蜂為胡蜂科胡蜂屬之蜂類總稱，大虎頭蜂是日本代表性的胡蜂物種。因為體型大到飛行時會令人誤以為是麻雀，在日語中也稱為雀蜂。

大虎頭蜂的工蜂擁有強力下顎，可以咬住小型昆蟲，還有毒針可以擊退熊等大型哺乳類。大虎頭蜂會在山林的地下築巢，一隻蜂后與大批工蜂可構成一個相當龐大的族群（家族）。另外，掛在住宅屋簷的球狀蜂巢，則是適應了都市環境的小型物種「黃色虎頭蜂」的蜂巢。

鋸子般的毒針侵入皮膚

雌蜂腹部有毒針。毒針是由「產卵管」的一部分轉變而成。而雄蜂沒有針。

放大末端後，可以看到毒針由三個部分構成，分別是兩根毒針以及一根刺針鞘（**1**）。

刺針鞘外形為切成一半的筒狀結構，與腹部毒囊（含毒液的袋狀結構）相連，毒針刺入皮膚後，刺針鞘可防止兩尖針分離（**2**）。尖針邊緣呈鋸齒狀，兩尖針交互前進，可撕裂敵人皮膚插入（**3**）。接著，毒液便會沿著刺針鞘的凹槽流入。毒液注入完畢後，再拔起毒針。

順帶一提，蜜蜂的尖針上有發達的「倒鉤」，插入皮膚後便無法再拔出。因此，在蜜蜂插入毒針後，體內毒囊等內臟會被一起拖出來，留在敵人皮膚上。失去針與內臟的蜜蜂便會死亡。

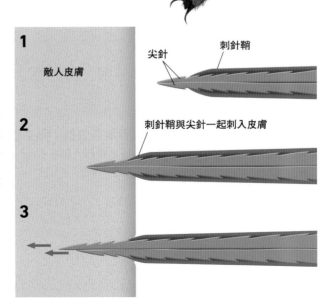

1
敵人皮膚
尖針
刺針鞘

2
刺針鞘與尖針一起刺入皮膚

3

觸角可感覺到費洛蒙

大虎頭蜂會分泌「費洛蒙」這種揮發性物質，與其他個體交換資訊。頭部的兩隻觸角可感應費洛蒙，種類包括識別同巢成員的「血緣辨識費洛蒙」、警示有敵人出現的「警報費洛蒙」、吸引異性的「性費洛蒙」等。不同種類的費洛蒙會由不同器官分泌，有些從體表分泌，有些則在毒液內。

攻擊或築巢時都能派上用場的大顎

頭部的一對大顎能左右大幅張開，可作為攻擊小型昆蟲的武器，也可以咬碎枯木作為築巢材料。威嚇靠近巢穴的大型哺乳類等敵人時，會使左右大顎反覆開闔，發出喀嘰喀嘰的聲音。

大顎張開時，可以看到裡面有口，但大虎頭蜂無法吃固狀物質（參考下圖說明文）。它們會用粗糙的舌頭舔液體以攝取營養。

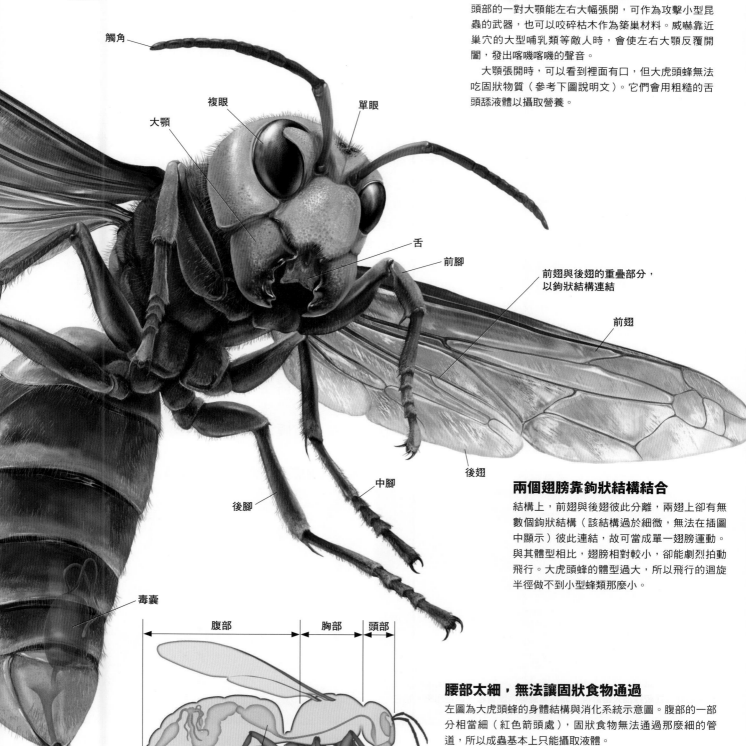

觸角
複眼
單眼
大顎
舌
前腳
前翅與後翅的重疊部分，
以鉤狀結構連結
前翅
後翅
中腳
後腳
毒囊
腹部
胸部
頭部
肛門
消化道
口
毒針

兩個翅膀靠鉤狀結構結合

結構上，前翅與後翅彼此分離，兩翅上卻有無數個鉤狀結構（該結構過於細微，無法在插圖中顯示）彼此連結，故可當成單一翅膀運動。與其體型相比，翅膀相對較小，卻能劇烈拍動飛行。大虎頭蜂的體型過大，所以飛行的迴旋半徑做不到小型蜂類那麼小。

腰部太細，無法讓固狀食物通過

左圖為大虎頭蜂的身體結構與消化系統示意圖。腹部的一部分相當細（紅色箭頭處），固狀食物無法通過那麼細的管道，所以成蟲基本上只能攝取液體。

另一方面，細腰使其腹部可以大幅往前頂，使身體末端的毒針的刺擊範圍變得更廣。細腰對消化來說相當不方便，卻相當有利於攻擊。

每年都會有一隻新的蜂后組成新的家族

世界上約有20種胡蜂屬（虎頭蜂）的成員，日本棲息著7種。其中，世界最大的胡蜂「大虎頭蜂」就是日本的代表性物種。

蜂后最初會親自育幼

多數昆蟲在春天開始活動，大虎頭蜂也不例外。蜂后會在地底或枯木中度過冬天，到了5月左右，便在地底或樹洞中築起小小的巢。

蜂后在冬天前便會與雄蜂交配，並將精子儲存在腹部的袋狀器官「受精囊」中。到了春天，蜂后會慢慢釋出受精囊的精子，使卵受精成為受精卵，然後在只有數個六邊形小房間（巢房）的初始蜂巢中產下一個個的卵。

在第1隻工蜂誕生前的1個月內，不管是蒐集食物、照顧幼蟲、擴建蜂巢、抵禦外敵，都是由蜂后親力親為。在幼蟲成長成工蜂開始活動後，蜂后便會將所有的「雜務」交給工蜂，專注於產下新的卵，壯大家族勢力。

蜂巢中只有蜂后擁有產卵能力。而且蜂后產下的卵（受精卵）皆會發育成雌性。也就是說，工蜂全都是蜂后的女兒。

蜂巢是質輕堅固的木造集合住宅

大虎頭蜂的蜂巢是「木造建築」。工蜂會啃咬樹幹，將咬下來的木頭與唾液混合，製成直徑5毫米左右的球狀物帶回蜂巢，拉成薄片貼在原本的巢上（左下方照片）。由於巢穴在地下，內部一片黑暗。沒有蜂巢整體的設計圖，也沒有指揮工程的工頭。每個個體只專注在眼前的築巢工作，使蜂巢往下、往旁邊延伸，形成壯觀的蜂巢。

飼育幼蟲的六邊形小房間（巢房）整齊排列，形成所謂的蜂巢結構（右下方照片）。牆壁很薄，但因為是由混有唾液的木材構成，所以相當堅固。

成蟲會從幼蟲唾液獲得營養

工蜂會在蜂巢周圍半徑約2公里的範圍內巡迴飛行，蒐集可作為幼蟲食物的小型昆蟲、樹液、果實等。用大顎捕捉昆蟲並殺死後，會咬下肌肉，製成圓形的「肉丸」運到蜂巢餵食幼蟲。

成蟲無法吃下自己捕到的獵物。因為成蟲腹部的腰很細，固狀食物無法通過（參考前頁）。

而成蟲的營養來源，就是幼蟲分泌的唾液。幼蟲會吃下成蟲帶回來的食物，用這些養分讓自己成長，並將一部分養分以唾液的形式分泌出來，回饋給成蟲（右頁上方照片）。換言之，成蟲與幼蟲之間有「營養交換」的行為。

用恐怖的毒針攻擊想襲擊幼蟲的動物

幼蟲吃下大量食物後，變成圓圓胖胖的樣子。含有大量幼蟲的蜂巢，營養相當豐富，容易

在地下築成的大虎頭蜂蜂巢

巢盤

大虎頭蜂會在地下築巢，有時會形成近1000隻個體的大家族，內部的幼蟲數可達數千隻。大虎頭蜂用顎撕下樹皮，與唾液混合，再將混合物帶回蜂巢，然後拉薄貼在巢上，逐漸擴大巢的規模。

養在六邊形小房間內的幼蟲與蛹

在巢房中成長的幼蟲與蛹。蜂后會從巢盤的中央區域開始依序產下卵，所以越接近中央區域，幼蟲的發育階段越成熟。照片的下側較靠近蜂巢中央區域。原本蛹的巢房外有白色的繭蓋住，攝影時將這層繭拿掉了。

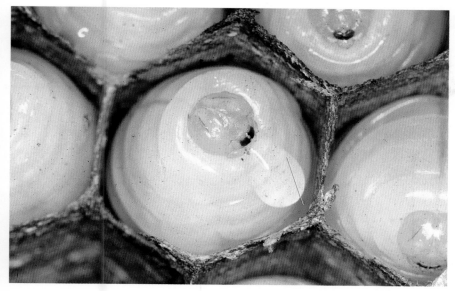

幼蟲會分泌營養豐富的唾液給成蟲吃

成蟲用食物餵養幼蟲後，幼蟲會分泌含有豐富胺基酸的唾液作為「回禮」（左方照片）。成蟲會舔這些唾液作為營養來源。唾液主成分為17種胺基酸，可以促進成蟲運用體脂肪作為能量來源，對於一天要飛數十公里尋找食物的工蜂來說，是非常重要的營養液。

已有廠商製成並販售胺基酸溶液「VAAM」運動飲料，便是重現了這種幼蟲唾液的成分。

被人類或熊盯上。

大虎頭蜂也不會讓細心養育的幼蟲就這樣輕易被吃掉。此時會用發達、強而有力的毒針作為防禦手段。研究虎頭蜂生態的日本玉川大學小野正人教授說：「經毒針注入的毒液只有數微升（百萬分之一公升），卻會引起劇烈疼痛。」

大虎頭蜂的毒素成分包括神經傳遞物質（血清素等）、蛋白質分解酵素（蛋白酶）等。這些都是普遍存在於生物消化道、腦中的物質。若用針將這些物質直接注入至皮膚或肌肉，即使僅有微量，也會造成劇烈疼痛與過敏反應。如果是第二次以後被螫到，很有可能會產生急性過敏反應（過敏性休克），需特別注意。

當有大型哺乳類等敵人靠近巢穴時，大虎頭蜂就會一邊在敵人周圍飛行，一邊用它們的大顎發出喀嘰喀嘰的聲音，威嚇敵人。如果敵人繼續靠近蜂巢，就會用毒針攻擊。

毒液內含有「警報費洛蒙」等揮發性物質。敵人一旦被毒針刺到，這些揮發性物質就會吸引其他大虎頭蜂成員加入攻擊。大虎頭蜂也會噴出毒液，濺在目標身上，所以敵人很可能在沒有注意到的情況下被做記號，列為攻擊目標。如果碰上大虎頭蜂，最好的策略是盡快離開該地點。

而且，大虎頭蜂有瞄準漆黑發光的東西攻擊的習性。眼睛的黑色部分、熊的鼻子正是容易被大虎頭蜂瞄準的地方，如果眼睛被刺到，會有失明的危險。小野教授：「關於大虎頭蜂的毒針，不管是瞄準的地方、毒的成分，都是為了擊退哺乳類而演化出來的特徵。」

食量大的幼蟲會變成蜂后

到了8月下旬～10月時，蜂巢的規模會變得更大，並開始培育下一代蜂后。此時，大蜂巢的工蜂數目接近1000隻，蜂巢內則有數百隻幼蟲是下一代蜂后的候選者。

在卵的時期，工蜂與蜂后並沒有任何差異。大虎頭蜂的幼蟲會發育成工蜂或蜂后，取決於它們獲得的養分量。為了在度過冬天後產下大量的卵，蜂后需在體內儲藏大量脂肪。只有獲得大量養分，並將其儲藏在體內的幼蟲，可以成為蜂后。食物不足而無法獲得充分營養的幼蟲，便會「蜂后化失敗」，僅能成為工蜂。

另外，到了秋天，蜂后才會開始產下雄蜂。此時蜂后不會用到受精囊裡儲存的精子（不讓卵受精），直接產下未受精卵。這些卵便發育成雄蜂。雄蜂成長後會離開原本的蜂巢，與其他巢的雌蜂（蜂后候選者）交配。

此時蜂巢外已有來自其他蜂巢的雄蜂等著。成熟的下一代蜂后會與這些雄蜂交配，然後進入地下或枯木中度過冬天。除了過冬的蜂后之外，其他蜂會全數死亡，蜂巢誰都不剩，整個世代就這樣結束。

小小螞蟻的繁忙生活
運用有特定功能的身體結構，建構高度分工的社會

雖是隨處可見的生物，但應該很少有人會仔細觀察螞蟻的臉、身體、腳的結構吧。多數螞蟻的身體僅數毫米，這麼小的生物，身體卻擁有許多特殊結構，建構出複雜的社會組織。讓我們來看看這些充滿特色的螞蟻，過著什麼樣的生活吧。

協助 村上貴弘 日本九州大學 永續社會決斷科學中心 副教授

無蟻后的螞蟻

堅硬雙針家蟻　學名：*Pristomyrmex tsujii*

2013年在南太平洋斐濟群島發現的新種堅硬雙針家蟻。日本沖繩科學技術研究所大學（OIST）生物多樣性、複雜性研究小組的艾克諾莫（Evan Economo）副教授發現了這種物種，並以研究堅硬雙針家蟻著名的琉球大學辻和希教授的名字命名。

日本的堅硬雙針家蟻沒有蟻后。工蟻兼具勞動與繁殖工作。能在沒有蟻后不與雄蟻交配的情況下繁殖，是因為工蟻產卵時為「孤雌生殖」。其中有些個體甚至只負責產卵，而怠於育幼或其他勞動工作。這種工作上的階級差異，會對堅硬雙針家蟻的社會造成什麼樣的影響，仍有待今後的研究。

30種以上的分工，空調完備的巢穴 —— 不輸人類的複雜社會

螞蟻的種類繁多，世界上約有1萬1000種螞蟻，日本則棲息著約300種螞蟻。螞蟻為「蟻科」下的生物，獨立演化出了自身特徵，與蜂類同屬於膜翅目。基本上，蜂類都有翅膀，工蟻則沒有翅膀。蟻后剛出生時有翅膀，但交配後便會脫落，這是為了在狹窄土壤中生活的必要措施。

螞蟻身體有幾個特徵，首先是胸部與腹部之間還有一個體節（腹柄節）；再來觸角並非筆直，而是明確分成「柄節」與「鞭節」。這些特徵就像關節一樣，能調節身體與觸角的運動，讓螞蟻自由自在地扭曲身體，在狹窄的空間內也能自由活動。另外，觸角上有發達的感應器（受器），即使沒有光，也能感受到費洛蒙（個體間傳遞訊息時使用的化學物質），覆蓋體表的蠟（體表蠟）含有某些氣味物質

螞蟻的基本身體結構

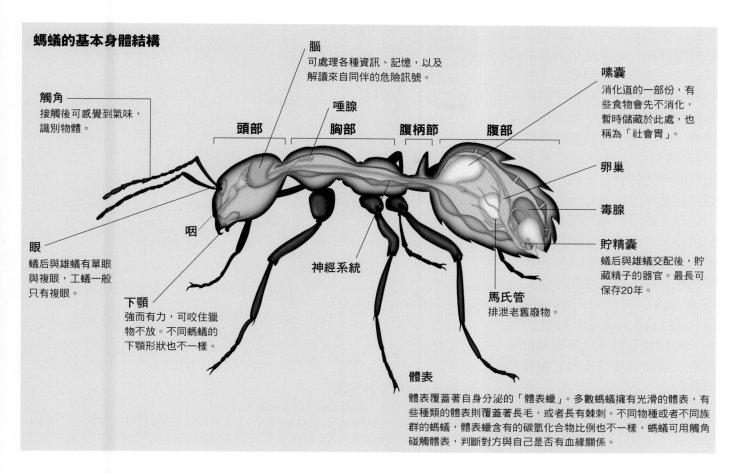

觸角
接觸後可感覺到氣味，識別物體。

腦
可處理各種資訊、記憶，以及解讀來自同伴的危險訊號。

唾腺

嗉囊
消化道的一部份，有些食物會先不消化，暫時儲藏於此處，也稱為「社會胃」。

頭部　胸部　腹柄節　腹部

卵巢

毒腺

眼
蟻后與雄蟻有單眼與複眼，工蟻一般只有複眼。

咽

神經系統

下顎
強而有力，可咬住獵物不放。不同螞蟻的下顎形狀也不一樣。

馬氏管
排泄老舊廢物。

貯精囊
蟻后與雄蟻交配後，貯藏精子的器官。最長可保存20年。

體表
體表覆蓋著自身分泌的「體表蠟」。多數螞蟻擁有光滑的體表，有些種類的體表則覆蓋著長毛，或者長有棘刺。不同物種或者不同族群的螞蟻，體表蠟含有的碳氫化合物比例也不一樣，螞蟻可用觸角碰觸體表，判斷對方與自己是否有血緣關係。

（體表碳氫化合物），讓螞蟻能分辨同伴與獵物。

不同螞蟻的體長差異很大，小的在1毫米以下，大的可達3～4公分。工蟻的外形也會隨著環境與功能而有多樣變化。

複雜的螞蟻社會

過著集體生活，秩序維持在一定水準的螞蟻，屬於「真社會性昆蟲」。一個族群（colony，由有血緣關係的個體、家族成員構成）內部，基本上由多種角色構成，包括負責繁殖的蟻后、負責勞動的工蟻、以及短時間出現、在蟻巢中沒有負責特定工作的雄蟻、有翅膀的新生蟻后等。一個族群內不一定只有一個蟻后，有些物種有多個蟻后，有些則沒有蟻后。

工蟻也十分多樣，體型大小、年齡、工作方式都各不相同。螞蟻的工作可分為30種以上。如果是小型社會，年輕螞蟻會負責照顧巢中幼蟲等安全的工作，高齡螞蟻會到巢外尋找食物，以及與敵人戰鬥。大型社會內的螞蟻，負責工作則由體型大小決定，譬如保護蟻巢而特化的兵蟻便十分有名。

各種螞蟻的食性也各不相同，有些螞蟻以花蜜或蚜蟲分泌的「甘露」（甜味的小便）為食，有些螞蟻則偏好捕食蜈蚣、跳蟲。並不是所有螞蟻都喜歡吃甜的東西。

空調完備的舒適蟻巢

除了少數幾種螞蟻如行軍蟻、堅硬雙針家蟻等沒有巢穴之外，幾乎所有螞蟻都會築巢。日本一般在庭院看到的蟻巢，通常是日本山蟻的蟻巢。這些蟻巢開口於地表，深度可達1～1.5公尺，除了往下挖之外，也有許多橫向發展的巢室（小房間）。入口附近為食物的貯藏庫，蛹、幼蟲、卵、蟻后等重要資產都在深處的房間。

有一些蟻巢還有特定功能。譬如會在巢中栽培菇類的切葉蟻（第123葉），巢中不只有菇類栽培室，還有垃圾的發酵室，並利用氣體的對流，保持一定的溫度與濕度。可以說是在不耗費能量的情況下，建構出理想的空調系統。

發出聲音與同伴對話

切葉蟻的特徵不是只有舒適的巢穴，還會發出多種不同的聲音與同伴溝通。譬如切葉子的時候，就會發出明顯的聲音。研究

螞蟻生態的日本九州大學村上貴弘副教授說，切葉蟻切到喜歡的葉子時，會發出有節奏的「哆囉哆囉哆囉」聲音；切到不喜歡的葉子時，則會發出「啾啾啾、嘰嘰嘰」的聲音。也就是說，狀況不同、對象不同時，切葉蟻會發出明顯不同的聲音。目前已確認切葉蟻會發出15種以上的聲音。

地球上的螞蟻種類很多，數量也很多。如果把這些螞蟻的重量全部加總起來，不輸人類與所有野生哺乳類的重量加總。有些螞蟻還適應了陸地以外的各種環境，從1億5000萬年前繁衍至今。能做到這點，就是因為擁有其他生物所沒有的多樣且複雜的社會性。

日本指定為特定外來種
入侵紅火蟻　學名：*Solenopsis invicta* (Buren)
體長2.5～6毫米。原生於南美洲，目前分布區域已擴大到北美、亞洲各地。已造成多起死亡案例如過敏性休克，會對人類社會造成健康及農業危害，對環境也有很大的影響。日本已指定紅火蟻為特定外來種。蟻后一天內能產下1500個卵，繁殖力相當高。原生地多為單蟻后，侵入地則以多蟻后為主流。

螞蟻的家庭結構

幼蟲
由卵孵化而來的幼蟲。無法自己攝取食物，由工蟻照顧成長。

蛹
幼蟲經變態（改變外貌、形態）後成為蛹。有些種類的幼蟲會在蛹內吐絲結繭。

蟻后
與雄蟻交配，將精子儲存於貯精囊。切葉蟻是世界上產卵數最多的螞蟻，可產下數千萬個卵。壽命可達10～20年。

工蟻或兵蟻
即使是同一物種，外形、大小也各不相同，功能也很多種。經營族群的實權掌握在工蟻手中。壽命為3個月～8年。

雄蟻
有翅膀，僅為了交配而誕生。不管交配成功還是失敗，不久後都會結束生命。

繁殖方式

日本多數物種會在4月下旬到9月上旬之間繁殖。蟻后與雄蟻會從蟻巢中飛出、交配，稱作結婚飛行。蟻后交配後，會自己切掉翅膀，獨自建立新的蟻巢。產下第一個卵後，便會溶解掉飛行用的肌肉，作為幼蟲的食物。養育出工蟻後，蟻后便會專注於產卵。受精卵會發育成雌蟻，未受精卵則會發育成雄蟻。右圖照片為巨山蟻屬的蟻后與雄蟻結婚飛行時，飛出蟻巢的瞬間。

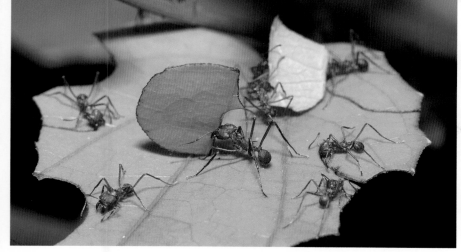

會種植作物的螞蟻
哥倫比亞切葉蟻
學名：*Atta colombica* (Guérin-Méneville)

體長2～15毫米。以亞馬遜熱帶雨林為中心，分布於美洲。蟻巢內有許多從森林植物上切下來的葉子，進一步切割及組合這些葉子，然後在上面種植菌類、栽培菇類。培育出來的菇類所分泌的液體以及菌絲塊，含有豐富的三大營養素，可讓切葉蟻攝取到完整的營養，主要用做幼蟲與蟻后的食物。工蟻會用下顎與長腳，靈巧地切出圓形葉子，再運用槓桿原理舉起比身體大的葉子，排列成數百公尺的隊伍將葉子送回蟻巢。切葉蟻拿著葉子的樣子就像在撐傘一樣，所以當地稱為「陽傘蟻」。

連哺乳動物都吃
鬼針游蟻
學名：*Eciton burchellii* (Westwood)

體長7～10毫米（加上大顎的話，可達20毫米）。族群個體數少則數十萬，多可達100萬，會集體在熱帶雨林的地面持續移動。集體狩獵時的樣子，就像是一團黑炭。到了某個特定時間點，分散到數十公尺見方的區域，捕食棲息於該地區的昆蟲或小哺乳類。過了進食時間，再度整隊前進。到了傍晚會聚集到野營地點，度過夜晚。鬼針游蟻的氣味聞起來就像中型哺乳類一樣。

罕見的螞蟻成員

專門研究螞蟻的村上貴弘副教授，另外為我們介紹了數種罕見的螞蟻。從上面的照片開始看。首先是日本特有種，卻很少日本人知道的「大和細蟻」（*Leptanilla japonica*）。為體長僅1毫米的小型物種，會集體攻擊蜈蚣，用毒針殺死獵物。蜈蚣主要作為幼蟲的食物，工蟻則會舔舐幼蟲頸部分泌的淋巴液，是相當罕見的習性。

下排左側照片為2008年於亞馬遜的瑪瑙斯發現的新種螞蟻。它們的生態與外形讓人覺得不像是地球生物，所以被命名為「火星來的螞蟻」（*Martialis heureka*）。體長為2.5毫米左右，沒有眼睛，擁有剪刀狀的下顎。目前還不曉得食性如何，是一種充滿謎團的螞蟻。

下排右側照片為棲息於馬來西亞熱帶雨林的「長顎山蟻」（*Myrmoteras iriodum*）。體長約3毫米，長長的大顎上有鋸齒，可張開280度。這個顎可以張得很開，再迅速閉合，能夠有效率地獵捕移動速度很快的跳蟲等動物。

（撰文：佐藤成美）

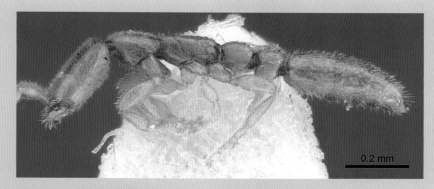

0.2 mm

吸食幼蟲淋巴液的螞蟻
大和細蟻　學名：*Leptanilla japonica* (Baroni Urbani)

0.5 mm

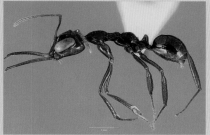

「從火星來的」螞蟻
新種螞蟻

學名：*Martialis heureka* (Rabeling & Verhaagh)

顎可張開280度
長顎山蟻

學名：*Myrmoteras iriodum* (Moffett)

驚人的機制
昆蟲的費洛蒙

吸引雄性、使雌蜂轉變成工蜂、引誘獵物靠近

費洛蒙的定義為「促進同物種其他個體做出自身難以抗拒之行動，或者出現生理變化的物質」。研究者在昆蟲的實驗中發現了費洛蒙。昆蟲會用費洛蒙吸引雄性，或者操控其他昆蟲個體的行動。本節來看看在昆蟲的生活史中，會如何運用費洛蒙。

協助　**東原和成**
日本東京大學 農學生命科學研究所 教授

坂本文夫
日本京都先端科學大學 名譽教授

那天夜晚，法布爾眼前發生了不可思議的事

著有《法布爾昆蟲記》的法國博物學家法布爾（Jean-Henri Fabre，1823～1915）在某天夜裡，觀察到奇特的景象。他在白天時將一隻剛羽化的雌蛾（大天蠶蛾）放入籠內，到了晚上，卻發現有約20隻雄蛾聚集在籠子的周圍。從當天晚上開始，法布爾便展開了為期7年的研究。

法布爾的住家被各種樹木包圍，晚上四周完全被黑暗壟罩。然而，雄蛾卻會固定在晚上8～10點時聚集到雌蛾周圍。由於晚上一片黑暗，雄蛾應該不是靠視覺找到雌蛾才對。另一方面，人類即使豎耳仍聽不到雌蛾發出的聲音，也聞不到雌蛾的氣味。那麼，雄蛾究竟是如何來到雌蛾身邊的呢？

原來是「氣味」標示出了雌蛾的位置！

法布爾觀察後發現，雄蛾並非筆直飛向雌蛾，而是緩慢搖曳地飛行，左右徘徊一陣子之後，才抵達雌蛾所在地。於是法布爾提出假說，認為是雌蛾散發出了氣味般的「宣傳用揮發物」，吸引雄蛾前來，並進行了多次實驗（左方插圖）。

法布爾用多種蛾來做實驗，終於得到了確定的結果：「達適齡期的雌蛾，會揮發出我們人類嗅覺感覺不到的微弱氣味」（《法布爾昆蟲記》）。

1. 沒有密封，就會有雄蛾聚集（可能是嗅覺）

2. 若以玻璃密封，便不會有雄蛾聚集（否定視覺可能性）

3. 將雌蛾放入籠子內，會吸引雄蛾聚集（確定是嗅覺）

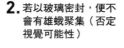

▶ **法布爾實驗的重點**
即使把雌蛾放入籠中，只要沒有密封，就會有雄蛾聚集（1）。將雌蛾放入密封的透明玻璃容器內，雄蛾便不會聚集（2）。雄蛾會聚集在內有雌蛾的籠子，或是沾過雌蛾腹部的枝條（3）。由以上結果，法布爾認為雄蛾可用觸角接收由雌蛾釋放出來的「揮發物」。

蠶蛾醇吸引雄蟲的機制

雌蠶蛾會高高舉起有分泌腺的「臀部」，釋出能吸引雄蠶蛾的蠶蛾醇。釋出的蠶蛾醇一開始會滯留在原地，然後逐漸在空氣中蔓延開來，並被雄蠶蛾的觸角感測到。

雄蠶蛾的兩個觸角上，能夠感測器為物質的「感覺毛」合計有34000根，其內部有「嗅神經細胞」。部分感覺毛的嗅神經細胞能感覺到蠶蛾醇，並傳遞電訊號給腦。雄蠶蛾感覺到蠶蛾醇後，便會朝著來源「直線前進」。如果感覺中斷，便會「左右搖擺前進→旋轉」。雄蠶蛾就在這種機械性的行為模式下，有效率地抵達雌蛾所在位置。

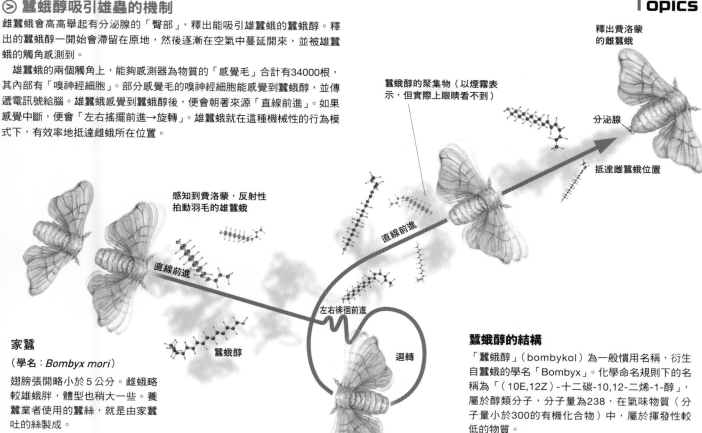

釋出費洛蒙的雌蠶蛾

蠶蛾醇的聚集物（以煙霧表示，但實際上眼睛看不到）

分泌腺

抵達雌蠶蛾位置

感知到費洛蒙，反射性拍動羽毛的雄蠶蛾

直線前進

直線前進

左右徘徊前進

迴轉

蠶蛾醇

家蠶

（學名：*Bombyx mori*）

翅膀張開略小於5公分。雌蛾略較雄蛾胖，體型也稍大一些。養蠶業者使用的蠶絲，就是由家蠶吐的絲製成。

蠶蛾醇的結構

「蠶蛾醇」（bombykol）為一般慣用名稱，衍生自蠶蛾的學名「Bombyx」。化學命名規則下的名稱為「（10E,12Z）-十二碳-10,12-二烯-1-醇」，屬於醇類分子，分子量為238，在氣味物質（分子量小於300的有機化合物）中，屬於揮發性較低的物質。

這個「微弱氣味」是目前我們所說的「費洛蒙」之一，但是直到近60年，人類才知道這種氣味的真相。法布爾靠著他敏銳的觀察力與實驗，發現了費洛蒙的存在。

在法布爾提出研究結果約60年後的1959年，德國化學家布特南特（Adolf Butenandt，1903～1995）確認了另一種蛾（蠶蛾）釋放出的「揮發物」真實面貌。他蒐集了50萬隻雌蛾的分泌腺，萃取出共0.012克左右的物質，分析出該分子的結構，並將這種吸引雄蛾的物質命名為「蠶蛾醇」（上方插圖）。

在布特南特發表研究結果的同一時期，其他研究人員陸續發現了多種昆蟲會用某些方法吸引異性靠近。而在發現蠶蛾醇的同年，研究人員將引起這種現象的物質稱作「費洛蒙」，並定義費洛蒙為「促進同物種其他個體出現生理變化，或者做出自身難以抗拒之行動的物質」。現在費洛蒙一詞已被濫用，人們常對這個詞有奇怪的印象，但它在學術上有明確的定義。

即使只有微量的費洛蒙，生物仍難以抵抗其效果

費洛蒙的效果難以抵抗，只要微量便能發揮效果。讓我們用蠶蛾醇來說明。

蠶蛾醇是雌蛾從「臀部」之分泌腺釋出的物質，對昆蟲而言就像是某種氣味分子。蠶蛾醇的分泌量極少，一小時只會分泌10億分之1克。另一方面，雄蛾的嗅覺器官，即觸角的敏感度相當高。研究結果顯示，只要感覺到80個分子的蠶蛾醇，雄蛾就會不由自主地拍動翅膀。如果不小心把雄蛾與雌蛾一起關進同個狹窄箱子，雄蛾就會拚命往側面與上方撞擊，弄得全身是傷。

費洛蒙不一定是氣味

事實上，依照費洛蒙的定義，費洛蒙不一定是靠嗅覺感知。研究氣味與費洛蒙的專家，日本東京大學東原和成教授說明：「費洛蒙是『促進行動或生理變化的物質』。只要有這種效應，就是費洛蒙。」事實上，有些物質會從口部進入，造成生理性變化，亦屬於費洛蒙（下頁插圖）。

插圖上方為工蜂獲得蜂后費洛蒙的樣子，下方則是蜂后費洛蒙在蜂巢內擴散的過程。

　　蜂后費洛蒙至少有9種成分，主要有效成分为「9-ODA」（9-氧代-2E-癸烯酸，以黃色表示）。工蜂的觸角與口（大顎）可感覺到9-ODA，這會抑制工蜂的卵巢發育。

　　另外，蜂后費洛蒙成分中還有「油酸甲酯」（以綠色表示）。工蜂舔拭蜂后身體，再與其他工蜂接觸，便可在15分鐘內將這種物質傳遞給蜂巢內所有工蜂（1～4）。

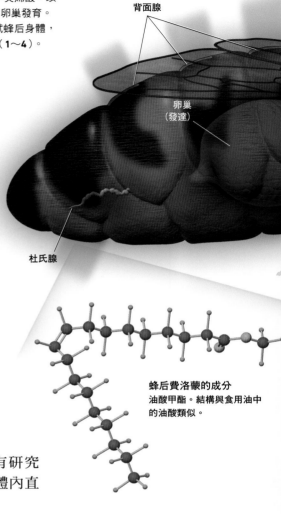

背面腺

卵巢
（發達）

杜氏腺

蜂后費洛蒙的成分
油酸甲酯。結構與食用油中
的油酸類似。

蜂后或蟻后的費洛蒙可以讓蜂巢內的雌蜂強制「工蜂化」

　　前頁介紹的費洛蒙可促進其他個體「行動」上的改變。除此之外，還有些費洛蒙能改變個體的「體內狀態」。這些費洛蒙能改變「激素」（荷爾蒙，由腦等器官分泌，沿著血液移動到其他器官發揮作用的微量物質）等物質的分泌量。這些變化也是在無意識中發生，所以個體無法抗拒這些變化。蜂后或白蟻的蟻后分泌的「后費洛蒙」（右方插圖）就是代表性的例子。

　　蜜蜂蜂巢的蜂后通常只有一隻，其他則是負責尋找食物、照顧幼蟲與卵的成千上萬隻工蜂（雌），以及負責生殖，僅占族群1％的雄蜂。雖然有大量雌蜂，但能夠產卵的雌蜂只有蜂后，工蜂的卵巢並不發達。

　　事實上，每一隻工蜂在照顧蜂后的過程中，會分別獲得蜂后分泌的費洛蒙。工蜂可以透過觸角與口感覺到費洛蒙，這些費洛蒙會影響到工蜂腦內物質與荷爾蒙的分泌量，使工蜂的卵巢無法成熟（幼蟲分泌的費洛蒙也對工蜂

有相同效果）。另外，也有研究指出，費洛蒙會進入工蜂體內直接發生作用。

支配整個蜂巢的蜂后費洛蒙效應

　　蜂后會吸引大量雌蜂靠近自己，持續強制讓蜂巢內的雌蜂「工蜂化」。

　　蜂后的蜂后費洛蒙是由口（大顎腺）分泌的主要有效成分，與「背」（背面腺）與「臀」（杜氏腺，dufour gland）分泌之成分的混合物。其中的「油酸甲酯」成分會附著在蜂后身體表面，照顧蜂后的工蜂舔舐蜂后體表時，

西方蜜蜂　學名：*Apis mellifera*
棲息於歐洲、中東的一種蜜蜂。與日本蜜蜂（*Apis cerana japonica*）為不同物種，費洛蒙成分也不同。西方蜜蜂是日本養蜂業最常見的蜜蜂。蜂后的腹部很長，體長約15毫米。蜂后會用口對口的方式，從照顧的工蜂那裡獲得食物而成長、產卵。工蜂體長約12毫米，負責照顧蜂后與幼蟲、採集食物、維持蜂巢運作。

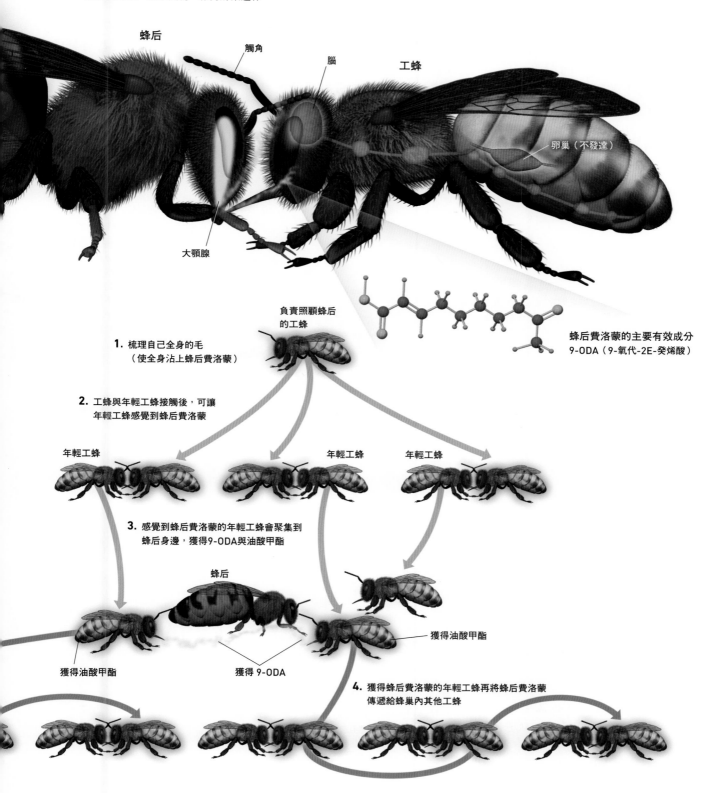

蜂后

觸角

腦

工蜂

卵巢（不發達）

大顎腺

負責照顧蜂后的工蜂

蜂后費洛蒙的主要有效成分
9-ODA（9-氧代-2E-癸烯酸）

1. 梳理自己全身的毛
　　（使全身沾上蜂后費洛蒙）

2. 工蜂與年輕工蜂接觸後，可讓
　　年輕工蜂感覺到蜂后費洛蒙

年輕工蜂　　　年輕工蜂　　年輕工蜂

3. 感覺到蜂后費洛蒙的年輕工蜂會聚集到
　　蜂后身邊，獲得9-ODA與油酸甲酯

蜂后

獲得油酸甲酯

獲得油酸甲酯　　獲得 9-ODA

4. 獲得蜂后費洛蒙的年輕工蜂再將蜂后費洛蒙
　　傳遞給蜂巢內其他工蜂

會沾到油酸甲酯，再將油酸甲酯傳遞給較年輕的工蜂。於是年輕工蜂便會陸續被吸引到蜂后身邊，開始照顧蜂后，並獲得蜂后費洛蒙的主要有效成分「9-ODA」（9-氧代-2E-癸烯酸）。

蜂后每天的費洛蒙分泌量，可影響1000萬隻蜜蜂。而費洛蒙的作用時間似乎並不長。事實上，當蜂后死亡，或是蜂后費洛蒙分泌量降低的初夏時期，工蜂會恢復生殖能力，蜂巢也將迎接新的蜂后誕生。

設置「費洛蒙陷阱」，吸引獵物靠近的蜘蛛

費洛蒙原本只會在同種生物之間發揮效果。不過有些生物可以感覺到另一種生物的費洛蒙，或者分泌另一種生物的費洛蒙。其中隱含了自然界的巧妙之處。

舉例來說，有一種寄生蜂會將自己的卵產在蛾的卵上。這種寄生蜂可以感覺到寄生對象之雌蛾的費洛蒙，抵達牠們的位置，然後潛藏在雌蛾的體毛間，在雌蛾產卵之前會一直待在雌蛾身上。對於被寄生的蛾來說，並不是件好事。這種分泌者與接受者為不同物種，且對接受者有利的費洛蒙，稱作「開洛蒙」（kairomone），源自希臘語的「καιρός」（kairos），其意思為「恰當時機的」。

相反地，對分泌者有利的費洛

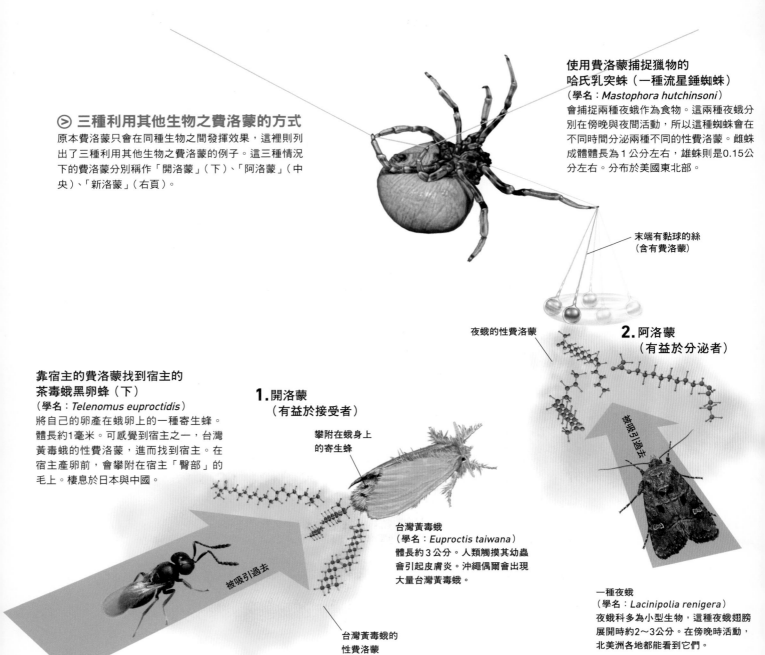

⊙ 三種利用其他生物之費洛蒙的方式
原本費洛蒙只會在同種生物之間發揮效果，這裡則列出了三種利用其他生物之費洛蒙的例子。這三種情況下的費洛蒙分別稱作「開洛蒙」（下）、「阿洛蒙」（中央）、「新洛蒙」（右頁）。

使用費洛蒙捕捉獵物的哈氏乳突蛛（一種流星錘蜘蛛）
（學名：*Mastophora hutchinsoni*）
會捕捉兩種夜蛾作為食物。這兩種夜蛾分別在傍晚與夜間活動，所以這種蜘蛛會在不同時間分泌兩種不同的性費洛蒙。雌蛛成體體長為1公分左右，雄蛛則是0.15公分左右。分布於美國東北部。

末端有黏球的絲（含有費洛蒙）

夜蛾的性費洛蒙

2. 阿洛蒙（有益於分泌者）

被吸引過去

靠宿主的費洛蒙找到宿主的茶毒蛾黑卵蜂（下）
（學名：*Telenomus euproctidis*）
將自己的卵產在蛾卵上的一種寄生蜂。體長約1毫米。可感覺到宿主之一，台灣黃毒蛾的性費洛蒙，進而找到宿主。在宿主產卵前，會攀附在宿主「臀部」的毛上。棲息於日本與中國。

1. 開洛蒙（有益於接受者）

攀附在蛾身上的寄生蜂

台灣黃毒蛾
（學名：*Euproctis taiwana*）
體長約3公分。人類觸摸其幼蟲會引起皮膚炎。沖繩偶爾會出現大量台灣黃毒蛾。

被吸引過去

台灣黃毒蛾的性費洛蒙

一種夜蛾
（學名：*Lacinipolia renigera*）
夜蛾科多為小型生物，這種夜蛾翅膀展開時約2～3公分。在傍晚時活動，北美洲各地都能看到它們。

蒙，稱作「阿洛蒙」（allomone）（「allo-」為「其他的」之意）。流星錘蜘蛛就是一種善用阿洛蒙的生物。如名所示，流星錘蜘蛛的腳會抓著一根末端有顆黏球的絲，就像「流星錘」一樣。當牠們捕捉蛾類時，會擺動這個流星錘，並將自己分泌的雌蛾費洛蒙混入絲與黏球內。雄蛾以為是雌蛾而靠近時，就會被流星錘蜘蛛當成食物吃掉。

靠費洛蒙結合的親密關係

會利用其他物種之費洛蒙的生物，不僅限於敵對關係的生物。有些蘭花會分泌同一棲息地之昆蟲的費洛蒙。對蘭花來說，誤以為是其他昆蟲的費洛蒙而來的昆蟲，可以幫忙傳遞花粉；對昆蟲來說，也可以取得蘭花的花蜜。這種對雙方都有利的費洛蒙，稱之為「新洛蒙」（synomone）。「syn-」意為「一起」之意。

让蜂類幫助「繁衍下一代」的植物？
金稜邊蘭（學名：*Cymbidium floribundum*）
於4月中旬～5月上旬開花，是原生於中國的一種蘭花。花瓣或花萼上含有兩種能吸引日本蜜蜂的聚集費洛蒙，可吸引分蜂群（離開原蜂巢的族群）。
研究這種現象的日本京都先端科學大學坂本文夫名譽教授說，日本蜜蜂不會聚集在開花前或授粉凋謝後的花。對於這種蘭花而言，這種費洛蒙可幫助其授粉，還能讓聚集在花上的日本蜜蜂群維持36℃左右的「溫室」，幫助蘭花的果實成熟。

3. 可能是新洛蒙
（對雙方都有利？）

日本蜜蜂的聚集
費洛蒙類似物

被吸引過來

日本蜜蜂
（學名：*Apis cerana japonica*）
分布於亞洲之東方蜜蜂的亞種。工蜂體長約10毫米。金稜邊蘭分泌的物質中，有兩種物質與日本蜜蜂大顎腺分泌的聚集費洛蒙相似。
金稜邊蘭沒有花蜜，日本蜜蜂即使被吸引來也無法獲得食物。研究認為「引誘蜜蜂前來的成分會為蜜蜂帶來『幸福感』，所以也能算是新洛蒙的一種」。

乾竭之後仍可復活的昆蟲的祕密

從沉睡搖蚊的DNA，找到乾燥後仍不會死亡的祕密

棲息於非洲中部的雙翅目昆蟲「沉睡搖蚊」幼蟲，即使因失去水分而變成乾屍，只要再度吸水，便能甦醒過來。為了瞭解這種神奇能力的機制，研究人員分析了沉睡搖蚊的基因體資訊，發現牠們擁有一些神奇的基因。

協助　**黃川田隆洋**
日本農研機構功能應用開發團隊主任

乾燥後仍不會死亡的沉睡搖蚊幼蟲

通常

乾燥 →

← 吸水

乾燥狀態

沉睡搖蚊的幼蟲體長約為 7～10 毫米。當環境進入乾旱燥期時，會轉變成體長 2～3 毫米的乾燥狀態。看起來實在不像還活著的樣子。不過給牠水分後，只要 1 小時左右便能甦醒，恢復成原本的模樣。

幾乎所有生物體內都含有大量水分，若失去體內水分，就會乾枯死亡。人類體重約有60%是水，只要失去10%左右的水分，就會死亡。

不過有種神奇的昆蟲，即使體內水分在3%以下，外觀上已呈乾屍狀態，但只要再度吸水，便能甦醒過來，那就是棲息於非洲中部半乾燥地區的雙翅目昆蟲之一「沉睡搖蚊」。這種乾燥後仍可甦醒的能力（耐乾能力），僅見於沉睡搖蚊的幼蟲期（也稱為紅蟲）。沉睡搖蚊棲息地區有所謂的乾旱期，幼蟲時期會進入乾燥狀態以度過乾旱期。至於從乾竭狀態甦醒過來的機制，至今仍有許多謎團。

不久前，日本獨立行政法人農業生物資源研究所的黃川田隆洋主任研究員等人，試著分析沉睡搖蚊的基因體資訊（DNA鹼基序列），發現沉睡搖蚊約有1萬7000個基因。順帶一提，人類的基因數約為2萬多個。這個分析結果說明了沉睡搖蚊撐過乾旱期的祕密。相關研究結果刊載於2014年9月12日的科學期刊《Nature communications》（電子版）上。

保護細胞內分子的大量基因

比較沉睡搖蚊與沒有耐乾能力之近親搖蚊物種的基因資訊，可以知道在沉睡搖蚊的DNA中，有個奇特區域內，含有大量相似的基因。與這些「複本」有關的基因可分為8類。其中有些基因的產物能包覆細胞內的蛋白質，防止這些蛋白質損壞，還有些基因能修復壞掉的蛋白質。總之，這些基因都能保護細胞內的蛋白質與其他分子。這8類基因在沉睡搖蚊的近親物種身上幾乎看不到，而沉睡搖蚊身上的這8類基因中，每類至少都有4個以上，有的基因甚至有近30個。

另外，研究團隊也試著分析當沉睡搖蚊的幼蟲進入乾燥狀態時，這些基因如何發揮作用。結果發現在環境乾燥時，這8類有大量「複本」的基因都會大量表現。

由以上結果可以知道，這些基因是擁有耐乾能力的必備基因。基因所在區域則被命名為「ARId」（Anhydrobiosis-Related gene Island：耐乾能力相關基因區域）。

ARId的大量基因可保護細胞內分子，避免其因為乾燥而損壞。吸水後還可修復受損分子，使個體從乾屍狀態下復活。

實現生物的長期保存！？

8種進入乾燥狀態後開始發揮作用的ARId基因群中，有2類基因的功能至今仍未知。而且除了ARId之外，沉睡搖蚊還有數種其他物種沒有的基因，這些基因的功能大多也是未知。若想完全瞭解它們耐乾能力的祕密，或許還需要進一步分析這些基因的功能。

乾燥狀態下的搖蚊幼蟲可以保存10年以上不會死亡。隨著研究的進展，或許我們可以讓某些生物或細胞在乾燥狀態下長期保存。期待這類技術在將來可以應用在醫療或研究現場。

5

真的很厲害！動物的生存智慧

生物時常暴露於被捕食的風險下。為了保護自己不被掠食者捕食，順利留下子孫，生物在自己的外表、卵、巢穴的形態下了不少工夫。第5章就來看看生物的各種生存策略。

協助　上田惠介／小林朋道／鈴木紀之／船山信次／松本 淳／良永知義／宇賀昭二

巢

巢 —— 自然界的有名建築
活用素材的築巢智慧

鳥與昆蟲等野生生物不需教導，就可憑本能築出「巢」。用葉子、小樹枝、泥土、自己分泌的絲等材料，建構出形狀、強度、功能性都十分優異的巢穴，不輸人類的建築物。讓我們來看看這些自然界中由生物建構出來的名建築吧。

協助：上田惠介 日本立教大學 名譽教授

用細草與細葉組合而成的巢穴

亞洲金織布鳥（學名：*Ploceus hypoxanthus*）的雄鳥。分布於緬甸以東的中南半島、蘇門答臘島、爪哇島的織布鳥成員。體長約22公分左右。雌鳥全身為褐色，外表樸素。雄鳥的臉下半部為黑色，身體為黃色，繁殖期時會變得特別鮮艷。織布鳥會在郊外的水田地區、沼澤地區集體築巢。築巢材料則包括水邊的樹枝、草、椰子葉等細碎植物材料。雄鳥會為了求偶而築出出色的巢，以吸引雌鳥靠近。配對成功後，雌鳥會整理好巢內布置並在此產卵。

巢的用途十分多樣，包括狩獵、求偶、育幼、冬眠等

就像人類會搭建自己的家一樣，動物也會築起各異其趣的巢。談到築巢，一般可能會聯想到鳥類，但事實上哺乳類、爬行類、昆蟲、魚類等多種生物都會築巢。雖然都叫作巢，但動物世界中的各種巢穴，目的都不一樣。舉例來說，有的動物如黑猩猩或紅毛猩猩，每天會搭建新的巢（床鋪）供睡眠用；有的動物則像河狸一樣，會定居巢中並產子育幼。

為了求偶而築的巢

若依築巢目的，可再大致分為以繁殖為目的，為了求偶、產卵、育幼而築的巢；以及日常進食、睡眠時使用的巢。也就是分成暫時使用的巢，以及定居用的巢。其中有些動物像園丁鳥這樣，求偶與產卵是不同的巢；也有些動物像群織雀這樣，育幼結束後會定居在同一個巢。

定居於某個巢的鳥類較少見。老鼠或兔子等小型哺乳類，較常為了防範天敵而定居於某個巢中。另一方面，中大型哺乳類如狐狸、野豬等，會為了生產或育兒築巢，但繁殖結束後就不大會再使用。為了日常生活而築巢的生物其實很少，多數築巢目的是為了提供卵、雛鳥、幼體一個安全成長的場所。另外，花栗鼠、日本睡鼠、亞洲黑熊等動物，會為了度過寒冷的冬天，築起冬眠用的巢穴。亞洲黑熊等熊類，會用大型樹木的樹洞或岩洞冬眠，並在冬眠時生產。

對材料的要求是強度或舒適度？

築巢時使用的材料有很多種。鳥類多使用葉、莖、樹皮等植物性材料作為基礎，然後鋪上羽毛或苔癬，得到軟綿綿的床墊。燕子還會用泥土築成堅固的外壁。這些能輕易取得的自然界材料，相當適合用於築巢。有些鳥會像貓頭鷹一樣，使用自然界現成的樹洞作為休息場所。有些鳥則像啄木鳥一樣，自己在樹木上鑿洞作為巢穴。幾乎所有會築巢的動物每年都會換一個新的巢，但也有些動物在位置絕佳的地方築巢後，會持續修繕並使用數年。

哺乳類多會利用岩石縫隙、樹洞或挖掘地洞築巢。巢鼠會用植物的莖葉築出鳥巢般圓圓的巢穴，這在哺乳類中是少數派。

節肢動物中的蜘蛛、蜂、螞蟻等，也是築巢高手。它們會用自己分泌出來的絲、唾液等物質，固定土壤，建造出自己的巢。蜘蛛的巢不只是生活的場所，也是捕獲食物的重要工具。棲息於熱帶的白蟻，可築出長度超越人類身高的巨大巢穴。對昆蟲來說，巢不只是繁殖的地方，也是保護自己不受天敵威脅，不可或缺的藏身之處。

運用發酵熱與陽光的熱，保持舒適的溫度

蜥蜴與鱷魚等爬行類，會在巢中產卵。有趣的是，卵產下後所處環境的氣溫，會影響到子代誕生時的性別（溫度性別決定系統），所以爬行類的巢穴溫度管理十分重要。鱷魚這種變溫動物築巢時，會蒐集枯草、樹枝堆在巢內，運用植物的發酵熱與陽光的熱，使巢穴內的保持適當溫度。鳥類中，棲息於澳洲、印尼各島嶼的塚雉類，不會自己孵卵，而是運用落葉的發酵熱或火山島的地熱，使巢中的卵保持一定的溫度。

魚類多在海藻或岩石縫隙中產卵，不過刺魚類、搏魚、慈鯛等魚類會築巢產卵。近年來研究人員還發現，有些河魨會為了求偶，在海底的砂上築起漂亮的巢。多數魚類的巢是為了產卵而築的暫時性巢穴，但也有些魚類像鈍塘鱧這樣，寄居在短脊鼓蝦巢穴中生活；或是像花園鰻這樣在沙中挖洞築巢，將巢當作日常居住用。

巢的主要功能

永久性的巢　在特定地點築巢，以此為活動據點

防禦外敵
河狸、兔子、老鼠、蜂、螞蟻等

照片為分布於加拿大到墨西哥森林地區的美洲河狸。河狸啃咬截斷周圍的樹枝，築成水壩阻擋河流，並用這些樹枝築成巢穴。巢穴入口在水面下，藉此防止天敵侵入。

捕獲獵物
蜘蛛、寄居蟹、石蛾、蓑蛾等

體長1～1.5公分，為草蛛類成員。棲息於森林、樹籬，室內地板下等地方，可織出平面且形狀不規則的蜘蛛網，並在深處織出隧道狀的立體網，當作巢穴使用。草蛛會在巢中等待獵物落到網上。

暫時性的巢　產卵、育幼、冬眠等暫時性的巢

繁殖
狐狸、野豬、鳥類、爬行類、魚類等

餵食雛鳥的蒼頭燕雀雌鳥。全長約15公分。廣泛分布於歐洲至西伯利亞低地。會使用細長樹枝、枯草、動物毛髮等材料築巢，外側則用苔蘚或毛固定。

冬眠用的暫時性巢穴
熊、花栗鼠、睡鼠、刺蝟等

抱著兩隻小熊的雌性棕熊。北極熊、棕熊等生活在寒冷地區的熊，會在岩洞、地洞、樹洞等地築巢冬眠，並在冬眠時產子。生活於熱帶的熊則不會冬眠。

群織雀的巨大公寓

生活在非洲南部納米比亞、波札那、南非等地的群織雀（學名：
Philetairus socius），會集體建造巨大的巢，這在鳥類中十分罕見。群織
雀是麻雀的近親，體長約14公分。牠們的巢會從很高的樹枝上垂下。巢
的寬度約為6公尺，重量可達1噸，約住著500隻鳥。巢的入口朝下。巨
大鳥巢的內部有共用區域、數個小房間，供成對伴侶睡眠或繁殖。築巢
為雄鳥的工作，但如果只顧著建造自己的房間，不參與建造共同區域的
話，可能會被鳥群趕出去。這個鳥巢可使用100年以上，歷經數個世
代。大的鳥巢有防範莽原酷暑的功能。

繭上有細緻的鏤空雕刻

蛾等昆蟲在幼蟲變態成成蟲的過程中會結繭。其中，雙黑目天蠶蛾（學名：*Saturnia japonica*）的繭就像細緻的鏤空雕刻一樣美麗。雙黑目天蠶蛾屬於天蠶蛾科，翅膀張開可達10公分以上，為大型蛾類，繭是直徑6公分左右的圓柱狀。繭的硬度可比金屬，用剪刀也不容易剪開。在7月前半結繭，在裡面化蛹，於9～10月羽化。

林立於草原的蟻丘

澳洲西北部昆士蘭州草原上，林立著許多由磁白蟻（學名：*Amitermes meridionalis*）建造的蟻丘。這些蟻丘高達2～3公尺，形狀就像屏風一樣。白蟻會在晚上從蟻丘出來活動，混合土壤與唾液作為材料，一步步建築出如此巨大的蟻丘。說到白蟻，可能會聯想到破壞住宅的害蟲，但其實白蟻有數千種，會破壞住宅的僅占約2％。大部分其實對人類無害。某些棲息於南美洲、非洲、澳洲熱帶或乾燥草原的白蟻，雖然體型小到只有約5毫米，卻能築出難以想像的巨大蟻丘。另外像是分布於澳洲西北部的聖堂象白蟻，也以高達6公尺之巨大蟻丘著稱。不管是哪種蟻丘，外壁都有縱向褶皺，上面開著數個直徑5毫米左右的洞，這是為了防止劇烈的晝夜溫度差傷害到蟻丘。

海底的神祕圓圈

在奄美大島近海發現的白斑窄額魨（學名：*Torquigener albomaculosus*）是2015年登記的新物種。它是全長12公分的小型魨類，會在沙地築出直徑2公尺的神祕圓形產卵巢。從中心到邊緣有許多放射狀的溝，圓圈邊緣有兩層像是堤防的隆起，上面散布著貝殼碎片。4～8月時，雄魚會花費一週左右用鰭整理沙堆，並用牙齒咬碎貝殼，裝飾圓圈邊緣的堤防。完成圓圈狀的巢後，雌魚會來拜訪，並在中心區域產卵。在外觀沒什麼變化的沙地上堆出來的謎之圓圈，可以吸引雌魚的注意，但也容易被天敵盯上。為什麼白斑窄額魨會築出這種巢，至今仍是個謎。

卵的外觀差別居然那麼大！
有蓋子的卵、垂吊著的卵、被膜包覆著的卵⋯⋯

生物會在地面、水中、地下產卵，且每種生物的卵各不相同。有些卵顏色透明，有些卵用絲線垂吊著，形態十分多樣。各種卵的獨特形狀，都有保護自身不被天敵吃掉的效果。本節讓我們來看看各種卵的不同樣貌。

協助 上田惠介 日本立教大學 名譽教授

有蓋子的卵、用絲狀柄垂吊的卵

昆蟲的卵有各種形狀，譬如圓柱狀、球狀、細長形等等。表面可能有各種圖樣，譬如細長條紋、編織物般的花紋、蜂巢狀結構的突起等等。而椿象的卵則有蓋子蓋著。

包括昆蟲的卵在內，卵的特殊形狀有三種功能，分別是防止被掠食者捕食（不容易被發現、不容易被吃掉）、防止卵乾燥、防止黴菌或細菌感染。舉例來說，草蛉的卵有個絲狀的柄，可垂吊於葉子下方。這應該是為了防止卵被蜱蟎或螞蟻吃掉。

有些卵的外觀在人類眼中十分奇特，但應該都具有提高存活率的效果。但就大多數外形奇特的卵來說，我們至今仍不曉得為什麼會有如此奇特的外形。

有蓋子的卵

照片為各種椿象的卵。卵會排成兩列，而且就像照片中一樣，卵上面有蓋子。

直到孵化前，都可以直接看到幼蟲的模樣與顏色。

用「絲線」吊著的卵

照片為草蛉類的卵，用絲狀的柄垂吊著。

卵的大小約為 1 毫米左右。草蛉的卵在日語中也叫作「優曇華」。優曇華是佛教中3000年才開一次的傳說中花朵。它們會在易吸引蚜蟲聚集的植物上產卵，幼蟲會以蚜蟲為食。

在透明的卵中成長

小點貓鯊的卵殼。長約6公分，寬約2公分，外形呈包袱狀。卵殼堅硬而透明，可以清楚看到幼鯊成長的過程。卵殼上又長又捲的毛狀物，可纏繞在海藻等東西上防止卵到處漂流。小點貓鯊的卵約在5個月～1年左右孵化，生出來的幼鯊約9公分。

一次產下大量的卵，以提高存活率

台灣大刀螳在枝條上產下的卵鞘

棲息於北海道的蝦夷山椒魚的卵

聚在一起等待孵化的卵

除了在外形下工夫之外，有些動物還會「一次產下所有卵」，譬如產下以袋狀膜包覆多個卵而形成的「卵囊」、以分泌物固定的「卵鞘」、由多個卵結成一塊的「卵塊」等等。

蜘蛛或貝類大多產下卵囊，螳螂與蟑螂多產下卵鞘，蛙類與章魚、烏賊等軟體動物則大多產下卵塊。

被膜包住的卵，可防止自身被掠食者捕食。而且因為卵聚集在一起，當雄性將精子撒在卵上時，受精機率也比較高。

另外還有研究指出，如果一次產下所有卵，孵化的幼體存活率會比較高。毒蛾群中，下顎較硬的個體可吃下葉子較硬的葉緣，在這之後，其他個體才能開始吃葉子。如果每個個體彼此分散的話，存活率就會下降。

因為各物種的生物都在設法提升子代存活率，才會有外形多采多姿的卵。

群集

這些生物為什麼要聚集成群
為了存活下來的策略

在嚴酷的自然界中，某些生物會為了存活下去而聚集成「群集」。群集由多
個個體聚集而成，是一種生存策略，不過群集的形態與功能因生物而異。
讓我們看看群聚生活的動物照片，是如何聚集成群，又有什麼優點吧。

協助 ┊ **小林朋道** 日本公立鳥取環境大學 副校長 環境學院 教授

與合得來的同伴聚集成群，一起生活

小紅鶴　學名：*Phoenicopterus minor*

體長80～90公分，體重2～2.5公斤的小紅鶴，是紅鶴（紅鸛）中最小的物種，分布於印度西北部、巴基斯坦、非洲等地，喜歡待在坦尚尼亞北部納特龍湖這種強鹼性的湖泊。羽毛與腳鮮艷的粉紅色，是源於以湖泊內的浮游植物為食。堆起泥土當作巢，在裡面產下一顆卵，雌雄交替孵卵。卵孵化後，雌雄都會分泌富含蛋白質與脂肪，名為「紅鶴乳」的液體，以口對口的方式餵食雛鳥。

　　近年研究顯示，由數千至數百萬隻無血緣關係的紅鶴個體構成的巨大族群中，會以2～6隻「感情較好」的紅鶴為單位，形成小群體。紅鶴壽命約50年左右，為相當長壽的鳥，使這個小群體可維持數十年。對於紅鶴而言，個性合得來的個體一起生活，有利於生存與繁殖。之所以會形成那麼大的族群，可能是因為環境條件適合生存的地區相當少，不得不聚在一起生活。

形成巨大的圓球，保護自己

線紋鰻鯰　學名：*Plotosus lineatus*

棲息於印度洋至西太平洋的岩岸地區。日本近海除了線紋鰻鯰之外，也棲息著日本鰻鯰（*Plotosus japonicus*）。日本鰻鯰廣泛分布於本州到沖繩等地區，線紋鰻鯰則分布於九州到琉球群島以南的溫暖海域。在過去很長一段時間內，兩者被視為同個物種，直到2008年才分開。岩岸與防波堤常可看到其蹤跡。體長10～20公分左右，外表為褐色，有兩條黃線從頭部延伸到尾部。為鰺魚類成員，口部周圍有觸鬚，可感覺到獵物的存在。背鰭與胸鰭上的棘刺有毒，被刺到時會有劇烈疼痛。有集體行動的習性，幼魚會形成巨大球狀的魚群，稱作「鰺球」。鰻鯰或沙丁魚等小魚，都是為了減少個體被捕食的機率而聚集成群。

稀釋、幻影、混亂效應 ── 群聚生活的優點很多

動物是否群聚生活，因種類而異。群集的組成有很多種，有些由有血緣關係的個體組成，有些依雌雄分別成群生活，有些則會突然在特定地點集結。不同種類的群集，目的常有很大的差異。在弱肉強食的嚴酷自然界中，小型生物一直處於被大型肉食動物捕食的威脅下。動物聚集成群，可減少被捕食的風險。

「大群體」的生存策略

沙丁魚等小型魚類，會聚集成數千至數萬的巨大魚群，以轉移掠食者的視線，使掠食者不會盯上某個特定個體，稱為「稀釋效應」，這是聚集成群的小魚為了生存下去的重要策略。

小魚也會透過聚集成群，假裝自己是大型生物，避免被掠食者攻擊，稱為「幻影效應」。因為魚群內越內側的地方越安全，個別的魚隻會盡可能往安全的內側移動，整個魚群會一直保持在運動狀態，形成一個球狀的魚群。魚類身體側面有名為側線的感覺器官，可感覺周圍水壓或水流變化，所以也能察覺到周圍同伴的運動，不管魚群有多密集也不會撞到彼此。而當大型魚類闖入魚群時，小魚會散開，使掠食者難以鎖定目標，稱為「混亂效應」。

聚集成群有優點也有缺點

聚集成群有許多優點。譬如群聚活動時，監視周圍的視線會比較多，若是有天敵靠近可以早一步感覺到。而且警戒工作由多個個體分擔，拉長了每個個體的休息時間。以狐獴為例，當敵人靠近時，狐獴就會發出鳴叫聲，提醒周圍的同伴。如果有一頭斑馬察覺到危險，突然開始奔跑，斑馬群就會意識到危險而全部一起迴避。

即使被天敵襲擊，被捕食的個體僅占了群集的一小部分，多數個體仍能存活下來，所以每個個體被捕食的風險大幅下降。這種以群聚方式維持族群生存的策略，常見於防身方法相當有限、反擊能力低的動物。

然而聚集成群也有缺點。當群集越大時，爭奪食物的情況也就越嚴重，社會中的上下關係也越複雜。

那麼，適當的族群大小是多大呢？隨著群集規模的增加，優勢與劣勢都會跟著增加，當優勢減去劣勢得到的「純優勢」最大時，就是最適當的族群大小。

群集有沒有領導者？

有些群集就像狼群一樣，有階級序列、明確的領導者，黑猩猩群、象群、虎鯨群都有領導者。

不過多數群集並沒有領導者。

　　排列成V字形隊伍集體飛行的天鵝群、雁群中，在最前端飛行的個體並不是領導者。最前端位置承受的空氣阻力最大，所以這些鳥群會輪流飛在最前端，直到目的地。這是為了安全飛行而彼此協助的行為。

　　莽原中集體移動的牛羚群也沒有領導者，走在最前方或者是率先渡河的，只是第一個行動而已。沙丁魚等魚類的魚群中，也沒有領導者。

　　而且，為了避免被天敵襲擊而組成的群集，不一定由同一個物種構成。舉例來說，牛羚等大型草食動物的群集能對抗獅子、獵豹等斑馬的天敵，所以斑馬會與這些大型草食動物一起行動，以降低自己被捕食的風險。

關注巨大群集的行動

　　在我們的周遭，若說到由多個個體聚集而成的群集，灰椋鳥就是一個例子。牠們在無邊無際的天空中飛舞，一出現便展現出磅礴的氣勢。灰椋鳥群的形狀與移動方向會在瞬間轉變，有時突然分成多個鳥群，卻在瞬間恢復成單一鳥群。

　　連物理學家都對這種鳥群的動態變化很感興趣，他們成功用數學方式分析出灰椋鳥群的運動方式。若用電腦畫面上的「點」來模擬灰椋鳥群的運動，發現會遵守「接近」、「並行」、「避免撞擊」這三個規則。假設有一隻灰椋鳥發現猛禽接近而改變方向時，鳥群便會出現戲劇性的動態變化。電腦成功模擬出這樣的動態變化。灰椋鳥必須演化出優異的飛翔能力，才能使鳥群在瞬間做出這種動態變化，避免猛禽類的攻擊。

　　（142～147頁撰文：藥袋摩耶）

1000隻以上的大鳥群集體行動　椋鳥

椋鳥廣泛分布於日本、東亞、歐洲、美國等地。照片是在荷蘭拍攝的灰椋鳥群。棲息於日本的灰椋鳥（*Sturnus cineraceus*）全長約24公分，大小介於鴿子與麻雀之間。雄鳥整體為黑褐色，雌鳥體色則接近淡褐色，臉的周圍與腰的位置有白色圖樣。以植物種子、水果、昆蟲幼蟲為食，為雜食性，會用細長的鳥喙捕食地下的蚯蚓。在3月～7月下旬間的繁殖期各自獨立生活。不過8月以後，為了保護自身與雛鳥安全而集體生活。大型鳥群的個體數超過1000隻，在天空飛舞時，看起來就像是單一生命體。近年來，越來越多灰椋鳥會在都市區的行道樹築巢，傍晚時則會聚集到特定的樹木上，形成大批鳥群。因為會產生大量噪音與糞便，常被人當成害鳥。

群集的種類

不同的物種，群集的個體組成與目的也不一樣。有些群集是為了繁殖或遷移而形成的暫時性群集，也有些是為了生活而形成的單位。

由有血緣關係的個體聚集而成

日本獼猴的猴群由數隻雄猴、多隻雌猴及其子代構成。若猴群有多隻雄猴，便會形成以猴王為中心的階級排序。子代雄猴長成後便會離開猴群。獅群內有1～2頭雄獅，以及多頭雌獅（妻妾群）。小獅長大後也會離開獅群，流浪各地。流浪雄獅會攻擊其他獅群的雄獅，把整個獅群搶過來，並殺掉該獅群內沒有自身基因的小獅。

日本獼猴（照片）、獅、螞蟻、蜂等。

為了繁殖而聚集成群

有些動物會在適合繁殖的地方聚集成群。信天翁、白腹鰹鳥等海鳥，會把遠洋孤島的斷崖當作繁殖地，在那裡聚集築巢，形成大規模的群落。聚集成群可降低卵或雛鳥被天敵盯上的風險。鮭魚會在海中生活數年，10～12月時集體上溯到出生的河川產卵。

海鷗（照片）、信天翁、亞洲長翼蝠、鮭魚、烏賊等。

突然形成的群集

有時候，平常單獨行動的昆蟲也會突然形成巨大的群集。這個群集會為了尋求食物而長距離移動。蝗蟲就是個很有名的例子。當突然有大量蝗蟲誕生，個體密度大增時，就會出現所謂的「相變異」，轉變成翅膀較長的群生種。有時候還會形成由數百萬隻蝗蟲組成的龐大族群，遮蔽住整個天空。他們可以在一天內移動100公里，並吃光沿途所有植物，造成巨大的農業損害。

蝗蟲（照片）、馬陸、甘藍夜蛾等。

為了遷移而形成的群集

牛羚會為了遷移到有柔嫩新芽可以吃的草原，移動數千公里，數量可達數萬頭，有時可達100萬頭的超大型群集。斑馬也會群聚生活。在掩蔽處很少的莽原，群聚生活可將被天敵襲擊的風險降至最低。莽原上的草食動物，如斑馬、瞪羚、長頸鹿、牛羚等，常會聚集在一起，形成混合了多種動物的群集。

牛羚與斑馬（照片）、瞪羚、長頸鹿等。

持續改變群聚的規模 平原斑馬 學名：*Equus quagga*

斑馬是社會性動物，終身為群體生活。分布於非洲東部的肯亞到波札那，通常1頭雄斑馬與6頭左右雌斑馬會聚集成群生活。斑馬群的個體間可互相警戒周圍，若有一頭遭攻擊，斑馬群內其他成員就會一起衝過來趕走敵人。身上的黑白條紋圖樣可成為草原的保護色，保護自己不被敵人發現。主食為草，中午時會在矮樹的陰影下聚集，避免日照，過了中午才會開始覓食。傍晚時，斑馬會集體到河邊喝水。吃飯與睡覺時則會形成大規模族群。

到了春天，雄性與雌性會分開，形成不同獸群　加拿大馬鹿　學名：*Cervus canadensis*

分布於中國或蒙古等歐亞大陸內陸區域的大型鹿，在北美也稱為wapiti。夏天生活在涼爽山地，冬天則會遷移到低地。體重為220～320公斤，肩高為1.3～1.5公尺，全長為2～2.4公尺左右，雄鹿約為雌鹿的1.2倍大。冬天時，雌雄會混合形成大鹿群。到了春天，雄鹿會自成一群，雌鹿與小鹿則形成另一群。鹿以草與樹葉為主食，會在早上與傍晚覓食。

吃與被吃的
智力比賽

乍看之下奇怪的外觀或行為是有效的策略？
昆蟲與植物的奇妙演化

為了在吃與被吃的嚴酷生存競爭中脫穎而出，生物演化出各式各樣的外觀與行為。其中，被吃的一方為了避免被吃掉，更是演化出許多奇妙特徵。本節就以昆蟲與植物為焦點，介紹生物為了避免被捕食，有什麼樣的演化。有些生物擬態成周圍風景或其他有毒的生物，有些甚至被吃了也能繁殖。讓我們看看「獵物」在與掠食者之間的戰鬥中，磨練出來的生存策略吧。

協助 ┊ 鈴木紀之
┊ 日本高知大學 農林海洋科學系 副教授

照片為擬態為樹葉的枯葉蝶。枯葉蝶是一種僅生存於溫暖地區的蝶，分布於日本沖繩本島與沖永良部島。融入周圍風景或許是為了讓掠食者難以發現。

自然界每天都在反覆進行「吃」與「被吃」的戰鬥。

專長為生物演化與生態學，日本高知大學農林海洋科學系副教授，鈴木紀之說：「掠食的一方如果沒有順利捕到獵物，也不過就是當天沒東西吃而已；但如果獵物被捕食，就會死亡。所以一般來說，獵物會演化出較巧妙的特徵。」

自然界中的昆蟲或植物常是被當作獵物的一方，讓我們以這些生物為中心，說明生物的獨特演化。

⊙ 環境改變時，適於生存的性狀也會跟著改變

樺尺蛾是一種蛾類，一般個體如照片中左上所示，擁有明亮體色。但在工廠排放黑煙的影響下，顏色黯淡的個體變得較適於生存（不易被天敵發現），於是照片右方體色較暗的個體逐漸增加。

存活下來的生物，會累積它們的特徵

生物演化的原因有很多種，「自然淘汰」（天擇）就是一個代表性的原因。假設某個生物的族群中，有些個體的性狀（外觀或性質）有利於生存或繁殖，可能體型比較大、動作比較快。這些擁有有利性狀的個體，留下的子代會比沒有這些性狀的個體還要多。所以這個族群經過數個世代後，擁有利於繁殖之性狀的個體會逐漸增加。

相反地，擁有不利繁殖性狀之個體，容易被天敵捕食死亡，或者在與其他個體競爭繁殖機會時，落敗的機率比較高，不容易留下子代。於是這些擁有不利性狀的個體，在族群內的比例會逐漸變小。這種自然界的運作機制，就是自然淘汰下的演化。

現存生物都是經自然淘汰後，篩選出來的生物，無一例外。當然，我們人類的身體經過數個世代後，利於生存的性狀也會逐漸累積。

演化的動力是隨機變化

演化的必要條件是，子代擁有各式各樣、彼此不同的性狀，有些適於生存、有些不適於生存。如果每個親代只會誕下與自己完全相同的子代，生物就不會演化。而子代的性狀之所以彼此不同，原因就在於「突變」（mutation）。

生物的性狀來自細胞內DNA（去氧核醣核酸）的資訊。DNA資訊（鹼基序列）經複製後，會由親代傳遞給子代，在大多數情況下會正確複製，卻有極低機率複製錯誤，這就是所謂的突變。若子代接收了突變的遺傳資訊，性狀會不同於親代，並將這種不同的性狀遺傳給下一代。這是自然淘汰下之演化所不可或缺的條件。

基本上，我們並不曉得突變會發生在遺傳資訊的哪個位置（生成位置為隨機），所以也不曉得產生突變的性狀是否有利於個體。如果性狀突變後，比原本的性狀更有利於個體生存，那麼這種性狀就會像前面提到的一樣，在該物種的族群內擴展開來。

環境變化也會決定演化方向

這裡要特別注意的是，有利於生存或繁殖的性狀，在該生物所處環境改變時，也可能會變得不利生存或繁殖。

分布於英國的樺尺蛾多數擁有明亮體色（淺色型），停在樹木上時能與背景融為一體，變得不顯眼（上方照片）。這種體

色與周圍物體相似，藉此保護自身的「擬態」，稱作「隱蔽擬態」。不過，在工業革命時期，工廠排放的黑煙染黑了某些地區的樹木，淺色型個體反而變得相當顯眼。此時，體色陰暗（深色型）的樺尺蛾較容易融入顏色黯淡的環境，於是深色型的樺尺蛾逐漸增加。

這種在英國發生的現象稱作「工業暗化」（industrial melanism）。原本有利於物種生存的性狀，在環境出現變化後，反而不利物種生存，同時，新的有利性狀在族群內逐漸擴張。樺尺蛾就是一個典型的例子。

假扮成樹枝或有毒生物度過難關

接下來會陸續介紹幾個「獵物」在演化上的造詣，首先是如何從外觀上欺騙掠食者。

有些生物就像前面介紹的樺尺蛾一樣，透過隱蔽擬態的方式，融入周圍的風景，使天敵找不到自己（下方照片1、2）。族群中可能有些個體出現突變，使自身的顏色或形狀變得更像樹枝一些。如果這些個體沒被天敵發現而存活了下來，那麼在經過多個世代後，這個物種就會越來越像樹枝。

躲過天敵攻擊的擬態方式，不是只有融入背景這種方法而已。有些動物會假扮成有毒的生物（使天敵自行避開），這種擬態稱為「貝氏擬態」（Batesian mimicry），名稱源自發表了這種擬態方式的英國博物學家貝茲（Henry Bates，1825～1892）。

⊙ 融入周圍環境的隱蔽擬態

照片1為竹節蟲目的物種。照片2為尺蛾科的幼蟲（尺蠖）。兩者均會模仿樹枝的外形，為隱蔽擬態的例子。

⊙ 模擬有毒生物的貝氏擬態

照片3為胡蜂科的物種。照片4為虻科的物種，外形與有毒蜂類相似。

貝氏擬態中，被模擬的生物稱作「模型」，模擬模型的生物稱作「模仿者」。以左頁下方照片為例，照片3中的生物便是作為模型的胡蜂科生物（有毒），照片4則是虻科（無毒）的模仿者。這種擬態也是源自偶然發生的突變，使突變個體擁有與有毒生物相似的外觀，經過多個世代後，該生物會與有毒生物越來越像。

超音波vs擾亂聲音

當掠食者靠視覺捕捉獵物時，擬態可以讓獵物有效避開掠食者。另一方面，如果掠食者是蝙蝠這種使用超音波，靠聽覺捕獲獵物的動物，視覺上的擬態就沒有效果。

多數蝙蝠與蛾類之間為吃與被吃的關係，從很久以前開始，便一直進行著演化上的競賽。這就和國家之間在軍備擴張上的競賽一樣，可以說是演化上的「軍備競賽」。

蝙蝠會使用超音波，精確掌握對方（獵物）的位置與周圍環境狀況。但作為獵物的蛾類並沒有認輸，而是演化出各種應對方式。譬如蛾類演化了極為靈敏的聽覺，從很遠的地方也能夠聽到蝙蝠發出的超音波（即使很微弱）；有些還能自己發出超音波，以干擾蝙蝠發出的超音波；還有些蛾類的翅膀上長滿細毛，或者被鱗粉等粉末覆蓋，這些組織可以吸收超音波，使自身「在聲音上與環境融為一體」，藉此避免被蝙蝠捕捉。

還有一種生活在非洲的蛾類是十分特殊的演化案例，稱為非洲月蛾。這種蛾後方的翅膀（後翅）延伸出了很長的尾巴，外觀相當特殊（左下方照片）。這種外形乍看之下會阻礙飛行，但其實可以避免被蝙蝠捕食。

研究人員選擇非洲月蛾、其他多種蛾類以及蝙蝠來做實驗。發現翅膀尾巴越長的蛾，越能避免被蝙蝠捕食。這個翅膀尾巴的擺動，可以擾亂蝙蝠的超音波，使蝙蝠難以掌握蛾的位置。

茂密的毛是保護身體的鎧甲

接著要介紹的是不靠外觀，而是透過物理結構避免被掠食者攻擊的例子。某些蝴蝶或蛾類幼蟲全身長滿細毛，也就是所謂的毛毛蟲。說到毛毛蟲，常讓人有「有毒」、「被刺到會皮膚潰爛」的印象。但事實上，有毒毛的毛毛蟲種類其實不多。

既然沒有毒，那麼這些茂密的細毛又有什麼功能呢？日本神戶大學杉浦真治副教授為了解開這個疑惑，進行以下實

◉ 為了避免被仰賴聽覺的掠食者捕食而演化出來的外形

在樹蔭下休息的非洲月蛾

驗。他將長有茂密細毛的暗點橙燈蛾幼蟲，與其天敵，擁有尖銳大顎的黑廣肩步行蟲（下方照片）放在同一個籠子內。當然，黑廣肩步行蟲會試圖捕食暗點橙燈蛾的幼蟲，卻因為暗點橙燈蛾的幼蟲長有茂密的細毛，使黑廣肩步行蟲難以用大顎刺傷、捕食。

另一個組別中，杉浦真治副教授將暗點橙燈蛾幼蟲的毛剪短，於是黑廣肩步行蟲的大顎便能碰到暗點橙燈蛾幼蟲的身體，並將其捕食。也就是說即使沒有毒，細長茂密的毛覆蓋全身，也能提供充分的物理防護，避免遭受攻擊。

對抗方式演化過頭的話，會陷入演化的死路

植物與昆蟲的軍備競賽已無法回頭

前面看過了各種動物在吃與被吃的關係間，衍生出的演化競爭。事實上，這種演化的軍備競賽也會發生在動物與植物之間。

鈴木副教授表示：「植物為了讓自己不被吃掉，會製造出『對以該植物為食之昆蟲有毒』的物質，而昆蟲方也會為了與其對抗而演化出解毒能力。接著，植物又會為了與昆蟲對抗，製造出其他有毒物質。這種演化上的競賽持續進行下去，會使植物方與昆蟲方都演化出『只對特定對象有效』的攻擊或防禦方式。然而，如果這種『只對特定對象有效』的攻擊或防禦方式過於特殊，就會陷入無法回頭的狀態，我們稱為『演化的死路』。」

芸香科植物黃檗含有名為「類黃酮」的物質。對於那些不以黃檗為食的黑鳳蝶等蝶類而言，類黃酮會強烈抑制其產卵。另一方面，綠帶翠鳳蝶等蝶類已演化成產卵不會被類黃酮抑制的物種，甚至還會用類黃酮作為標記，尋找黃檗樹。

另外分布於沖繩的夾竹桃科植物爬森藤，含有「吡咯利啶生物鹼」，對其他生物有毒。不過大白斑蝶等蝶類的幼蟲對這種毒有耐受性，故可以吃這種植物長大。不僅如此，它們甚至會積極攝取這些有毒物質，作為抵禦天敵的防禦物質。

某種植物製造出毒害動物的毒素，反而會被某些動物利用。就目前而言，大白斑蝶就十分善用這些毒素。演化競賽仍將持續下去。

▶ 用密集的細毛保護自己免受天敵攻擊

黑廣肩步行蟲（左）與暗點橙燈蛾的幼蟲（右）的攻防。

植物的新威脅 —— 草食獸的出現

植物的天敵並非只有昆蟲。牛、鹿等草食哺乳類（草食獸）也是植物的天敵。在吃植物的昆蟲誕生後的4億年後，草食獸誕生了。植物除了要對付昆蟲外，還需另外對付草食獸。舉例來說，薔薇科與豆科植物體上的棘刺便不是為了對付昆蟲，而是為了對付大型草食獸而發展出來的防衛策略。

有些植物會用毒來防禦大型草食獸。漆樹科的鹽膚木便含有「單寧」，可阻礙草食獸攝食。而且為了有效防禦草食獸，植株不同高度的部位，單寧含量也不一樣。具體來說，樹越矮，或是位置越矮的枝條，葉子的單寧含量便越高，而當樹木成長到草食獸吃不到的高度時，樹葉內的單寧含量便會減少。

以牛做實驗的研究中，發現牛不會去吃樹高不滿1公尺的小株鹽膚木樹葉。另一方面，樹高超過2公尺的鹽膚木樹葉，大部分都會被牛吃掉。可見鹽膚木依樹高而做出的防禦對策，對草食獸的效果很好。

對植物而言，保護自己不被動物吃掉的有毒物質成分，稱為「次級代謝物」（secondary metabolite），在植物體內合成，對於自身成長或繁殖而言，是不必要的物質。如果挪用太多養分去製造次級代謝物，便會阻礙植物自身的成

⊙ 在不同環境下，彈性改變防禦策略

左圖的蕁麻生長在有許多鹿棲息的奈良公園內，右圖是其他地區的蕁麻。同樣是蕁麻，左邊的蕁麻明顯長有比較多的棘刺。此為日本奈良女子大學佐藤宏明副教授的研究。

長。但如果防禦力不夠高，植物就會被吃掉。

要花費更多成本去提升防禦力，還是以自身成長為優先？即使是同一種植物，不同狀況下也會有不同的判斷。鈴木副教授說道：「舉例來說，奈良公園有許多鹿。有研究指出，當地的蕁麻身上的棘刺，比其他地方的蕁麻還要多許多倍（上方照片）。有人認為，奈良公園的蕁麻棘刺較多，就是為了不被鹿吃掉。」

植物巧妙的演化，連人類都能騙過

植物的防禦方式不只用於應對昆蟲與草食獸。以下要介紹的植物防禦方式，便是用來應對採集植物的人類。

分布於中國雲南省高山地區的百合科植物梭砂貝母（*Fritillaria delavayi*），在2000年前已是當地人的採集對象，

用於中藥。於是，在人類很少採集梭砂貝母的地區，梭砂貝母的外形並沒有太大改變，顏色與形狀無異於一般植物；然而在人類頻繁採集梭砂貝母的地區，梭砂貝母的顏色就和石頭一樣（次頁照片）。

如果周圍石頭接近灰色，那麼該地區的梭砂貝母便接近灰色；如果周圍石頭偏紅，那麼該地區的梭砂貝母也偏紅色。可見「人類的採集」也會讓植物演化。

故意被吃掉？擁有奇特生態的生物

以上介紹的生物都是為了避免被敵人捕食，演化出獨特的生存策略。接下來要介紹的生物，其生存策略卻是故意讓自己被吃掉。

彩蚴吸蟲是一種寄生在蝸牛身上的寄生蟲。當其寄生到蝸牛上時，會往蝸牛的觸角移

左邊的梭砂貝母生長在沒什麼人採集的地區。中間與右邊的梭砂貝母則生長在多人採集的地區，與周圍的石頭顏色相同。

動，並在觸角內搏動（第154頁下方照片），促使被寄生方（宿主）往明亮的地方移動。往明亮處移動的蝸牛易被鳥類捕食。與蝸牛一起被鳥類吃下的彩蚴吸蟲，會在鳥的體內產卵。卵則隨著鳥的糞便排出。蝸牛吃下鳥糞後，彩蚴吸蟲便會再寄生於蝸牛體內。

故意被宿主吃掉，可以說是相當大膽的策略，但也確實靠著這個策略生存至今，實在是

⊙ 故意吸引掠食者前來捕食的生物

彩蚴吸蟲寄生的蝸牛。寄生蟲在蝸牛觸角上搏動。

非常巧妙。

被吃掉就結束了嗎？不是喔！

第150頁中介紹的竹節蟲類成員，確實有著相當完美的擬態，但有時候也會被鳥認出來吃掉。不過，被吃掉並不代表就沒有繁衍的機會。近年研究指出，有些竹節蟲被吃掉後，仍能留下子孫。

日本神戶大學末次健司教授的研究團隊，將棘竹節蟲、擬竹節蟲、飛竹節蟲等三種竹節蟲的卵餵食給棕耳鵯。結果發現，每種竹節蟲的卵都有5～20%未被消化、保持完整的樣子直接被排泄出來。而且團隊也發現，某些從鳥糞回收回來的擬竹節蟲卵，仍可成功孵化。

這表示就算昆蟲被鳥吃掉，也可能留下自己的子孫，十分有趣。竹節蟲是外表相當不起眼的昆蟲，藉著隱藏自己的行

蹤才能存活下去，卻有著即使死亡也不會滅亡的秘策。

鈴木副教授說：「多數昆蟲在產卵的瞬間，雌蟲會用體內貯藏的精子使卵受精。也就是說，體內儲藏的卵皆為未受精卵，如果雌蟲被鳥吃掉，即使卵沒有被消化，也無法孵化。另一方面，這個實驗中使用的擬竹節蟲為『孤雌生殖』。即使成蟲被吃掉，卵沒有受精，雌蟲也沒有產卵，未被消化的卵仍可孵化成長。」

鈴木副教授又再補充：「至於為什麼擬竹節蟲會用孤雌生殖的方式繁殖，或許是外表不顯眼，為了融入背景而無法移動，雄蟲與雌蟲的相遇機會非常低，所以演化出不需雄性也能繁殖的樣子。」

看起來像螞蟻也像蜘蛛的蟻蛛

竹節蟲的擬態十分精準。另

一方面，也有某些生物的擬態只擬一半，看起來像是失敗的擬態。

你有聽過「蟻蛛」這種生物嗎？如名所示，這是擬態成螞蟻的蜘蛛類成員（右方照片）。螞蟻在昆蟲與其他小動物的世界中，通常扮演捕食別人的角色。所以擬態成螞蟻時，可以避免自己被捕食。不過蟻蛛類成員中，有不少物種在仔細觀察後，不難發現其實是蜘蛛。

這種看似失敗的擬態，其實也有其意義。「自然界中，有些掠食者以螞蟻為主食，要是蟻蛛完全擬態成螞蟻的話，會讓這些掠食者誤會，反而被吃掉。另一方面，自然界中也有以蜘蛛為主食的掠食者，要是外觀與一般蜘蛛太相似，就會被這些掠食者吃掉。蟻蛛的不完全擬態，讓兩種天敵都對蟻蛛有違和感，從而使蟻蛛有效避開這兩種天敵」鈴木副教授如此說道。

國外學者的實驗中指出，擬態一半的蟻蛛，可以同時避免被只吃螞蟻的蜘蛛，以及只吃蜘蛛的螞蟻捕食。

不完全擬態
其實很有效

> 擬態一半也有其意義

一種蟻蛛的照片。乍看之下是螞蟻，但由大顎特徵與腳的數目，可以明顯看出是蜘蛛。

若無必要，擬態的相似度不需要那麼高

還有一個不完全擬態的例子，那就是第150頁曾介紹的虻類成員「黃巨虻」，可以擬態成虎頭蜂類成員。不熟悉昆蟲的人，無法區別黃巨虻的擬態與蜂類的差別，但如果仔細觀察，可以看出黃巨虻確實不是蜂，擬態只做了一半。

「虻維持不完全擬態的原因，與蟻蛛不同。虻的天敵發現盯上的獵物很可能是有毒針的蜂類，便不會積極攻擊。也就是說，即使保持這種沒那麼相似的不完全擬態，也足以避開被捕食的風險，虻便不會演化成更像虎頭蜂的樣子」鈴木副教授說明。

鈴木副教授接著說：「與虻的擬態有關的研究結果顯示，體型越小的虻，與蜂類越不相似。這表示，營養豐富的大型虻類較容易被天敵盯上。小型虻類比較不會，所以擬態的相似度不需要那麼高。」

現存生物或許是「在偶然之下有那樣的外觀或行動」，但如果從「這種外觀或行動或許有什麼重要理由」的角度思考，可能會有新的有趣發現。如果您在看了這篇文章後，對演化產生興趣，不妨試著觀察周圍的生物，思考為什麼這些生物會有這樣的外觀或行為。

海中可以看到各式各樣的擬態生物

　　海中也有各種擬態生物，擬態的多樣性不輸給陸地生物。本頁照片要介紹的是融入周圍環境的海藻、珊瑚，屬於隱蔽擬態。其他還包括模仿有毒生物，避免自己被捕食的貝氏擬態；以及模擬無害生物的樣子，再伺機攻擊的生物。

外觀與水面融為一體的擬態

　　有種擬態只存在於水中世界，那就是與水面融為一體的擬態。沙丁魚、鯖魚的背部為藍色、腹部為白色。從水中往上看時，這些魚類的白色腹部能與閃閃發光的水面融為一體；從水面上方往下看時，藍色背部則與海水的藍色融為一體。有些水中生物的身體大部分呈透明狀，有利於隱藏身影。從水中觀察萊氏擬烏賊的幼體時，其透明的身體可與水面融為一體。這些幼體還會擬態成漂浮在水面上的垃圾或葉子。

可瞬間改變體色的生物

　　海中還有某些生物，可以做到連陸地上的「擬態達人」昆蟲都做不到的擬態。烏賊、章魚、牙鮃牙鮃、比目魚可瞬間改變體色，與周圍環境融合。它們能以眼睛接收到的外界資訊為基礎，以神經控制色素細胞，反射性地改變顏色。

　　水中生物的擬態也十分出色。它們會欺騙彼此的視覺，是生存競賽中互相較勁的證據。　🪐

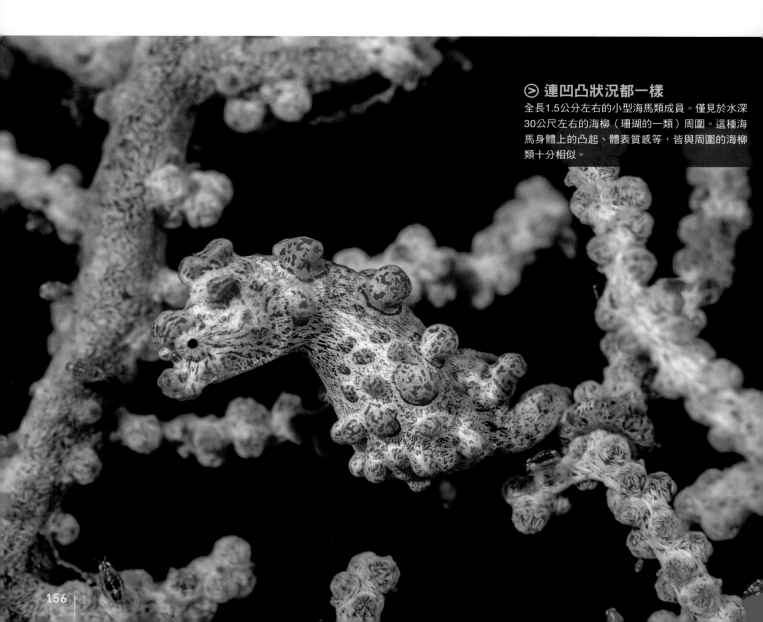

▷ 連凹凸狀況都一樣

全長1.5公分左右的小型海馬類成員。僅見於水深30公尺左右的海柳（珊瑚的一類）周圍。這種海馬身體上的凸起、體表質感等，皆與周圍的海柳類十分相似。

⊙ 連細節都與海藻或珊瑚十分相似

剃刀魚每個個體的顏色各不相同，有紅、黑、褐、綠等。有時看起來與枯萎的海藻、被勾住的垃圾十分相似。

⊙ 與閃閃發光的海面融為一體

背部為藍色、腹部為白色的沙丁魚、鯖魚，以及透明的烏賊，能與藍色的海水或閃閃發光的水面融為一體，不易被天敵發現。

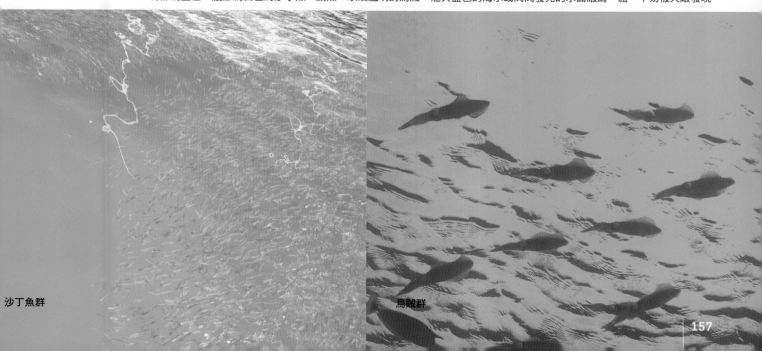

沙丁魚群

烏賊群

毒

用毒的生存策略
用毒來攻擊、防禦、操控的生物有什麼樣的生態？

有些生物在演化的過程中學會用毒，在生存競爭中存活下來。生物會用毒攻擊其他生物、防禦自身，或者操控周圍環境。不同環境下的有毒生物，毒素種類與使用方式各不相同。其中也有些生物克服了其他生物的毒素，進而開啟了另一條生存路徑。我們人類也是因為懂得運用毒素，才有了現在的生活。本節就來看看生物在毒素上的戰略與攻防吧。

協助 ┊ 船山信次 日本藥科大學客座教授、日本藥史學會副會長

自然界中懂得用毒的生物很多，橫跨了許多物種，包括菇類等真菌、植物、魚貝類、昆蟲與蜘蛛等節肢動物、兩生類、爬行類、鳥類、哺乳類等，都有一些有毒生物。而這些生物都是為了適應周圍環境，而在演化過程中獲得毒性，並藉此在激烈的生存競爭中勝出，存活下來。

熟悉生物毒素的日本藥科大學船山信次客座教授說：「地球史上誕生了許多生物，也有許多生物滅絕。在這個過程中，偶然出現了有毒生物。若毒素對有毒生物的生存有利，這些有毒生物便會留存至今。」我們常聽到「動植物為了保護自己而變得有毒」之類的說法。但船山客座教授認為這並不正確：「生物並不會主動發明毒素。只能說就結果而言，有毒生物存活了下來。」

基本上可以把毒素想成對生

唾蛇從毒牙噴出毒液的瞬間。唾蛇全長為 1 公尺左右，為眼鏡蛇類的成員，棲息於非洲南部草原。唾蛇在敵人靠近時，會瞄準敵人眼睛噴出毒液。毒液最遠可噴到 2～3 公尺處。

物有某些不良影響的物質。不過，同樣的物質若對某些生物有不良影響，就可能會對另一些生物不起作用。毒素對生物的效果，會依生物種類的不同而有很大的差異。

舉例來說，幾乎所有蜘蛛對昆蟲都有毒，但這些幾乎對人類都無效，所以多數蜘蛛對人類來說都無毒。對該生物而言，毒素對天敵、競爭對手、獵物等與自身生存關係密切的物種能否發揮效果，是非常重要的事。

用於攻擊的毒

通常生物會為了哪些目的而用毒呢？其中一個用途就是攻擊敵人。

唾蛇（左頁下方照片）如名所示，可以透過「毒牙」內的毒腺，朝著對方眼睛噴出毒液。在極近距離內確實瞄準對方眼睛噴毒，毒液最長可飛行2～3公尺。釋出的毒液內含有阻礙神經資訊傳遞的神經毒素，最嚴重的情況下，可以讓對方失明。

除了唾蛇之外，紅褐山蟻也是會噴射毒液的生物。當有敵人靠近時，紅褐山蟻會聚集起來從腹部末端噴出蟻酸，擊退敵人。

毒液不只能用於攻擊敵人，許多生物也會用毒來制服獵物。譬如日本原矛頭蝮、日本蝮、眼鏡蛇等蛇類，或是蜈蚣類的成員都會這麼做。日本原矛頭蝮、日本蝮咬住老鼠時，上顎的毒牙會刺入老鼠體內注入毒液，造成老鼠體內出血並肌肉壞死，呈麻痺狀態，使蛇

用於攻擊的毒

上方照片是嘴巴張開的科摩多巨蜥（科摩多龍），棲息於印尼科摩多島。科摩多巨蜥下顎的毒腺可分泌出血性毒素。被咬到的獵物會失血而衰弱，身體無法動作，最後被科摩多巨蜥捕食。就連水牛等大型哺乳類動物，也會被科摩多巨蜥襲擊。

下方照片為地紋芋螺（一種芋螺，照片左方）使用毒針「齒舌齒」攻擊魚類。齒舌齒末端有倒鉤結構，魚類被刺到後難以自行拔出。中毒的魚會麻痺而不能動，此時，地紋芋螺便會張開吻鞘，將魚整個吞下。照片中，齒舌齒根部的管狀結構就是吻鞘。

能確實捕食老鼠。

日本原矛頭蝮、日本蝮的毒屬於「肌肉毒素」，有溶解肌肉的作用。由特徵可以推測出這些毒液可能演化自消化液，方便蛇類吞食獵物、幫助消化，有一石二鳥的效果。

在水中也有某些掠食者會用

毒。譬如地紋芋螺等芋螺類成員，會使用毒針捕捉獵物。地紋芋螺為外殼約13公分大的螺貝類，可以在日本沖繩的珊瑚礁見到。

地紋芋螺又稱殺手芋螺，會發射末端尖銳名為「齒舌齒」的毒針攻擊魚隻，讓其無法動

保護自己的毒

上方照片為草莓箭毒蛙，棲息於中南美的熱帶雨林，體長約2公分左右，皮膚可分泌毒液。箭毒蛙類成員多擁有紅、藍、黃的鮮艷體色，是警告其他生物自己有毒的警戒色。牠們的毒來自昆蟲、蜱蟎等食物。

下方照片為黑頭林鵙鶲。羽毛、皮膚、內臟都有毒。不過自身無法製造毒素，而是會吃下擬花螢等有毒昆蟲，在體內累積毒素。黑頭林鵙鶲棲息於新幾內亞的熱帶雨林。

種類也不一樣。其中，金色箭毒蛙的「箭毒蛙毒素」是生物毒素中毒性最強的劇毒。正如箭毒蛙這個名字般，這種阻礙神經作用的神經毒素被人類抹在吹箭或弓箭上，用於狩獵。這種毒素的毒性有多強呢？只要0.2毫克就能致人於死地。箭毒蛙用鮮艷的體色，警告其他生物自己身上有劇毒，這種體色就稱為「警戒色」，可防止自己被當成獵物吃掉。

植物身上的毒也能防止自己被動物吃掉，奈良公園的杜鵑科植物馬醉木就是很好的例子。奈良公園有鹿群在此生活，鹿會以植物嫩芽為食，所以幾乎所有灌木都無法在此成長。不過馬醉木的葉子有「梫木毒素」，所以鹿不會吃它的葉子。對於馬醉木而言，鹿群生活的公園內不會有其他灌木與之競爭，是絕佳的成長繁殖地點，所以奈良公園內可以看到許多馬醉木。

順帶一提，之所以有馬醉木這個名字，是因為馬吃了之後，看起來就像喝醉了一樣。動物若吃了馬醉木的葉子，會因為毒素作用而麻痺、痙攣、出現運動障礙。鹿群或許就是因為實際體驗過馬醉木的毒

彈。當魚被麻痺不能動時，地紋芋螺再張開口（吻鞘）將魚隻整個吞下。地紋芋螺的毒稱為「芋螺毒素」，是一種神經毒素。被毒針刺到的魚會馬上動彈不得，人被刺到的話也可能會呼吸困難，甚至可能致死。

毒素不只能用於對付敵人，有些也會用在同物種個體之間的爭鬥。鴨嘴獸是澳洲特有的哺乳類動物，雄性後腳的距內有毒腺。繁殖期時，雄性鴨嘴獸會為了爭奪雌性鴨嘴獸而大打出手，此時便會使用後腳攻擊對方，使用毒素。雄性鴨嘴

獸的毒強到可以將另一隻雄性個體殺死。為什麼相同物種之間的打鬥需要用到那麼強的毒呢？這對該物種的存續有任何幫助嗎？這些問題的答案目前仍未知。

用於自我防衛的毒

說到為了保護自己而使用毒的生物，就不能不提箭毒蛙。分布於中南美洲的箭毒蛙為小型蛙類，身體常是黃、紅、藍等鮮艷的顏色，十分顯眼。不同種類的箭毒蛙，使用的毒素

素，所以不會吃。

船山客座教授說：「為了保護自身而使用毒的生物中，有不少是借其他生物的毒素來用。」前面介紹的箭毒蛙中，部分物種便是如此，會吃下生存於土壤中，體內含有微量毒素的蟎蟲，將毒素累積在體內，再製成毒液保護自己。河魨也是如此，著名的「河魨毒素」並不是在河魨體內製造的。河魨會吃下能合成河魨毒素的微生物，然後將毒素貯存在肝臟、卵巢、腸道。

鳥類的情況則較罕見，黑頭林鵙鶲是一個例子。黑頭林鵙鶲全長約25公分，生長於巴布亞新幾內亞熱帶雨林。原本有毒的鳥類就不多，而且飼養環境下的黑頭林鵙鶲並沒有毒，所以在發現這個物種後的150年以來，都沒有人知道這件事情。是剛好有研究者在熱帶雨林做研究時，被黑頭林鵙鶲所傷，才知道牠有毒。後來人們發現，黑頭林鵙鶲的羽毛、皮膚、內臟都有毒，這是一種稱為「高箭毒蛙毒素」的神經毒素。由該成分可以知道，這個毒可能來自擬花螢這種昆蟲，黑頭林鵙鶲吃下擬花螢，並將毒素貯藏在體內。羽毛上的毒可以保護自己不被天敵捕食、不被寄生蟲寄生。黑頭林鵙鶲的鮮艷紅色外表，就像警戒色一樣，告訴其他生物自己有毒。

以上介紹的生物自己無法製造毒素，卻會用其他生物的毒素來保護自己。比這更神奇的是，有些生物自己能合成毒素，卻也會向其他物種借用毒素來用。

用毒來打造家園

五倍子蚜蟲促使鹽膚木生成的蟲癭剖面。蟲癭內部布滿了許多靠孤雌生殖繁殖的五倍子蚜蟲。蟲癭有著堅固外牆，與可作為蚜蟲食物的柔軟內部結構。

虎斑頸槽蛇生存於日本山間的田野與河邊，是常見蛇類。以前人們認為虎斑頸槽蛇是無毒蛇類，牠的前齒無毒，如果只是被淺淺咬一口，毒素不會進入被咬的生物體內，所以人們沒注意到其毒性。然而虎斑頸槽蛇的口部深處有毒牙，如果咬得夠深的話，就會注入毒液。人類被咬到的話，會有出血情況，甚至導致死亡。這種出血毒素是蛇體內自行製造的毒素。

有趣的是，虎斑頸槽蛇還有另一種毒。頸部背側的皮膚有毒腺，可分泌毒液。若虎斑頸槽蛇被天敵咬住，牠們就會為了保護自己而噴出這種毒液。被毒液淋到的生物會皮膚潰爛，眼睛會相當疼痛而暫時無法移動。

這種由皮膚分泌的毒素，並非由虎斑頸槽蛇自行製造，而是吃下蟾蜍後，重新利用蟾蜍身上的毒。順帶一提，蟾蜍的毒含有多種毒素，會讓血管收縮、心跳加速，進入眼睛的話會使讓人失明。虎斑頸槽蛇攻擊敵人時會用自己的毒，保護自己時則用借來的毒。也就是說，虎斑頸槽蛇會依照不同目的，使用不同的毒素而存活至今。

用於操控其他物種的毒

如前文所述，毒可用於攻擊敵人、保護自己不被敵人吃掉。不僅如此，有些生物會用

因為中毒而獻上自己

扁頭泥蜂（照片右方）及其食物美洲家蠊。扁頭泥蜂會用臀部的毒針，將毒素注入至蟑螂體內。蟑螂中毒後就會自己跟著扁頭泥蜂走，成為扁頭泥蜂的食物。

用毒抑制周圍生物成長的加拿大一枝黃花

加拿大一枝黃花根部分泌的毒素，可以抑制植物種子發芽。在其他植物長大前，加拿大一枝黃花便會搶先繁殖出許多新植株，占領大片土地形成很大的群落，如照片所示。加拿大一枝黃花過去曾是難以消滅的入侵種，令人相當頭痛。但近年來，開始受到自己的毒素影響，勢力逐漸削弱。

毒來「操控」對方，使對方做出有利於自己的行為。

　　譬如蚜蟲類的五倍子蚜就可以操控植物。五倍子蚜會將毒素注入至漆樹科的「鹽膚木」這種落葉樹內，使其形成「蟲癭」（五倍子），成為五倍子蚜的巢。對鹽膚木而言，形成蚜蟲的蟲癭會消耗自己的養分與能量，有害無利。

　　後來研究人員逐漸瞭解到蚜蟲操控鹽膚木的機制。春天時，五倍子蚜雌蟲會用口針刺入鹽膚木的葉子，注入毒素。鹽膚木被刺到的部位周圍會開始膨脹，包裹住蚜蟲，形成小小的蟲癭。之後，蚜蟲便在這個蟲癭內繁殖，蟲癭也越來越大。到了秋天，長出翅膀的個體便會打破蟲癭往外飛出。

　　這個蟲癭擁有複雜的結構，外殼堅硬，內部卻有著柔軟的結構可作為蚜蟲的食物。為了讓蟲癭持續成長，周圍會長出發達的維管束以運送養分。由這種蟲癭結構的形成，我們可以說是蚜蟲注入的毒素巧妙地操控了植物的形態發育。蚜蟲注入毒素的相關研究正持續進展中。由日本京都府立大學與日本京都產業大學的研究團隊於2020年發表的研究報告指出，五倍子蚜會將自己體內合成的「生長素」、「細胞分裂素」等植物激素注入至植物體內。除此之外，這種現象或許也和其他未知物質有關。

　　由基因分析結果可以知道，受毒害的鹽膚木細胞會先初始化（變成原始細胞）。接著，促進植物結實的基因會開始運作，使植物形成蟲癭。目前還不曉得是哪種物質導致這一系列反應發生，但至少知道五倍子蚜可操控植物基因的表現，為子孫打造適合的生活環境。

　　再介紹一個用毒來控制其他生物的例子。棲息於熱帶的扁

頭泥蜂有著祖母綠的體色，體長約2公分，是一種寄生蜂，用毒「洗腦」蟑螂，使其為自己的幼蟲提供新鮮的身體作為食物。

扁頭泥蜂會先用毒針刺入蟑螂胸部，暫時麻痺蟑螂的前腳，使其無法逃脫。在蟑螂麻痺的期間，扁頭泥蜂會將毒針直接插入腦中負責運動的部位，注入毒素。扁頭泥蜂拔起毒針後，蟑螂會像什麼事都沒發生一樣開始梳洗身體，花費約30分鐘用恢復正常的前腳仔細清潔身體。在這段期間內，扁頭泥蜂會去尋找適合當作巢穴的地點，再回到蟑螂旁。

此時蟑螂雖然無法靠自己的意志移動，卻沒有麻痺，因為它沒有失去運動能力。扁頭泥蜂拉著蟑螂的觸角，引導它前往巢穴，蟑螂的腳則自己動起來，跟著來到巢穴。

進入巢穴後，扁頭泥蜂會在蟑螂的腳上產卵。孵化的幼蟲便以新鮮的蟑螂軀體為食，成蟲後從蟑螂體內破體而出。

如果扁頭泥蜂沒有產卵，蟑螂身上的毒就會在一週左右之後消退，恢復正常。毒的持續時間，僅限於幼蟲長為成蟲的這段時間，以確保它們能吃到新鮮的食物。

研究指出，這種被洗腦的蟑螂，行動被毒素控制，而這種毒素與腦內負責傳遞訊號的「多巴胺」相似。研究也發現，在「直接將毒注入腦中」這個重要動作中，如果沒有準確注入至與控制動作有關的位置，便無法控制蟑螂的行動。可見控制蟑螂的過程，需要極

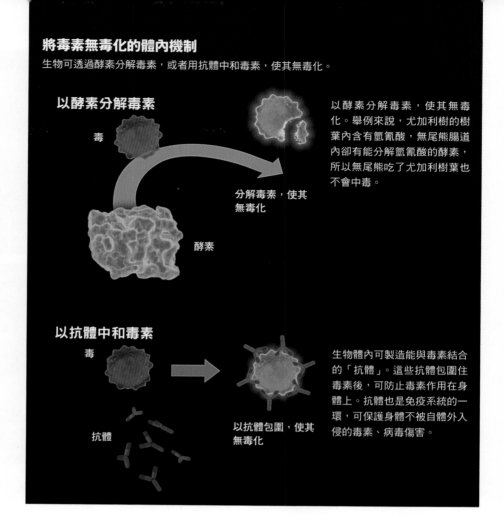

將毒素無毒化的體內機制
生物可透過酵素分解毒素，或者用抗體中和毒素，使其無毒化。

以酵素分解毒素

毒

分解毒素，使其無毒化

酵素

以酵素分解毒素，使其無毒化。舉例來說，尤加利樹的樹葉內含有氫氰酸，無尾熊腸道內卻有能分解氫氰酸的酵素，所以無尾熊吃了尤加利樹葉也不會中毒。

以抗體中和毒素

毒

以抗體包圍，使其無毒化

抗體

生物體內可製造能與毒素結合的「抗體」。這些抗體包圍住毒素後，可防止毒素作用在身體上。抗體也是免疫系統的一環，可保護身體不被自體外入侵的毒素、病毒傷害。

為精密的計算。

中了自己的毒而衰弱的植物

不是只有動物會用毒控制其他生物。舉例來說，櫻花樹下難以長出其他植物。一般認為這是因為含有某種毒素的櫻花葉落至地面後，毒素溶解於土中，抑制了周圍種子的發芽。這種植物抑制其他植物生長的作用，稱作「植物相剋作用」。

原產於北美，對日本而言是入侵物種的「加拿大一枝黃花」就是一個顯著的例子。這種植物的根會分泌cis-DME（cis-dehydromatricaria ester）這種毒素，抑制周圍種

子發芽。自己則會從地下莖紛紛冒出新芽，爆發性地繁殖出新植株。加拿大一枝黃花的繁殖力很強，常可在河邊、空地等地方看到一大片群落。加拿大一枝黃花於日本明治時代時從北美入侵日本。第二次世界大戰後，數量壓過了日本當地的芒草，棲息地急速擴大至日本全國各地，人們才開始重視到加拿大一枝黃花的入侵問題。因為加拿大一枝黃花靠地下莖繁殖，就算把地上的部分割除，仍會持續繁殖，是相當難以消滅的植物。

不過，從2000年左右開始，加拿大一枝黃花的繁殖力道突然降低。變弱的原因有數個可

生物鹼是什麼？

擁有碳骨架的有機化合物中，含氮（N）物質，也就是含氮有機化合物包括蛋白質、胺基酸、核酸等，還有一種稱為生物鹼的物質。右圖為尼古丁的分子結構，是一種生物鹼。

尼古丁的分子結構

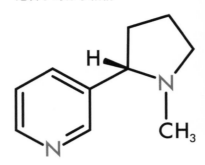

尼古丁
$C_{10}H_{14}N_2$

咖啡因
$C_8H_{10}N_4O_2$

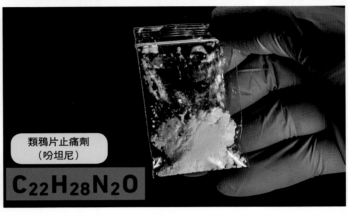

類鴉片止痛劑
（吩坦尼）
$C_{22}H_{28}N_2O$

作用於生物體的一類物質　生物鹼

毒素中，有許多物質屬於生物鹼。生物鹼的部分分子結構，與體內負責各種作用的多肽、蛋白質相似。生物鹼能與體內物質作用，引發各種效果，故可被當成嗜好飲品或藥物。

能，其中之一就是中了自己製造的毒，也就是自我毀滅。

將敵人的毒無毒化，以對抗敵人

多數有毒生物都有辦法避免被自己的毒素傷害。譬如會分泌毒液的動物常擁有毒腺等組織，可將毒液包裹在內，防止毒液作用在自己身上。

有些生物能演化出了「無毒化」機制，使其能在生存競爭中獲勝。譬如喜歡尤加利樹葉的無尾熊便是如此。尤加利樹葉內含有氫氰酸，對其他動物有害。與無尾熊競爭的動物，無法以尤加利樹葉為食。不過

無尾熊腸道內有能分解氫氰酸的酵素，所以即使吃下尤加利樹葉也不會中毒。這有利於無尾熊在避免競爭的情況下，確保食物來源。

「中和」是無毒化的另一種方法，用其他物質包覆毒素，使毒素無法在體內發揮作用。免疫細胞製造的蛋白質「抗體」，就能發揮中和毒素的功能。蛇毒就可用這方式使其無毒化。將蛇毒注射至馬體內，使馬製造出蛇毒抗體，這種抗體便可當作蛇毒治療藥物。這種方法現在仍在使用。

除了抗體之外，還有其他物質能用於中和毒素。哺乳類的

負鼠即使被毒蛇咬到，只會暫時失去意識，不久後便能恢復正常。這是因為負鼠體內有特殊胜肽（由多個胺基酸結合而成的分子）。可以中和蛇毒，使其無毒化，所以負鼠即使被毒蛇咬過，也能夠維持生命。

人類才是最會用毒的生物

我們人類也常在生活中使用毒素。咖啡內的咖啡因就是一種植物毒素，但如果適當調整用量，也能成為嗜好飲品，讓人樂在其中。以咖啡因為首的植物毒素多屬於「生物鹼」（alkaloid）的含氮有機化合

運用毒素開發新藥的方法

利用生物的毒素開發新藥時，大致上可分為三種方法。

來自傳統藥物

從世界各地傳統藥物所使用的動植物材料中，萃取出毒性成分，鑑定該成分，並研究其效果，精製後便可製成藥物。

來自微生物

採集微生物（主要來自土壤，特別是放線菌），從中尋找能製造足以殺死病原菌之抗生素的微生物。

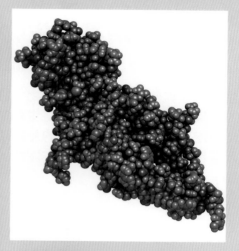

運用電腦模擬

設計毒性較弱、確保有必要藥效的分子，或者改良既有分子，製造出新藥。

物。生物鹼的部分結構與胺基酸、多肽等可在生物體內發揮作用的生物物質相似，常對生物有某些活性。

舉例來說，香菸內的尼古丁就是一種生物鹼。尼古丁與神經傳導物的「乙醯膽鹼」（acetylcholine）的部分結構相似，能與腦內神經細胞的特定部位（乙醯膽鹼受器）結合，釋出大量多巴胺。所以當人們吸菸時，尼古丁進入體內，使腦部釋放多巴胺，便能讓人得到快感。

人類不只會把生物鹼當成嗜好飲品，也會當成藥物使用。能在生物體內發揮效用的毒，也視為候選藥物。從生物毒素中尋找有活性的未知物質作為候選藥物，改良後便有可能製成新藥。將生物毒開發成新藥的方法，大致上可分為三種。

第一種是從自古以來傳承至今的傳統藥物中尋找候選藥物。分析世界各地傳承下來的草藥，確定其有效成分並精製，便可得到藥物。譬如原產於歐洲的毒草毛地黃可製成強心劑，用於長期治療。

第二種是從新的微生物中尋找候選藥物。「一個小指可挖取的土壤中，就可採集到約40種可培養的放線菌與其他微生物」（船山客座教授）。或許某些微生物能製造出擁有驚人藥效的物質，如果能找到，製造新藥就不再是夢想。獲得2015年諾貝爾醫學、生理學獎的大村智博士，就是在靜岡縣高爾夫球場附近採集土壤，從土壤中培養出某些放線菌，並以這些放線菌製造出來的物質為基礎，開發出有藥效的成分（阿維菌素）。這是由放線菌製造的物質，對線蟲來說是毒素。隨著研究的進展，研究團隊開發出了抗寄生蟲藥物「伊維菌素」。

第三種則是用電腦模擬方式探索新藥物。研究人員可嘗試改良既有分子的結構，設計出毒性較弱、只留下必要藥效的分子，開發出新藥。

「不管是哪種新藥開發方法，都有其優點與缺點。未來在藥物開發上，各種方法都有嘗試的必要」（船山客座教授）。未來人類也將持續研究如何運用這些毒素，製造出新藥，克服疾病的威脅。或許人類才是最懂得利用毒素，進而存活下來的生物。

巧妙操控宿主的寄生蟲

侵入、奪取養分、控制宿主！
利用其他生物的衝擊性生態

寄生蟲是在其他生物上生活的生物。許多寄生蟲以人類為宿主，譬如條蟲、蛔蟲、蟯蟲、瘧原蟲等。寄生蟲為了進到宿主身上，會故意讓宿主把自己吃下，並設法削弱宿主的免疫功能，使自己不會被宿主消滅，還會用各種手段讓自己存活在宿主體內。本節將介紹各種適應寄生生活的生物。

松本 淳　日本大學 生物資源科學院 教授

協助　良永知義　日本東京大學 農學生命科學研究所 特聘教授

宇賀昭二　日本神戶大學 名譽教授、日本神戶女子大學 名譽教授

聽到寄生蟲（寄生生物）一詞，多數讀者應該會想到躲在生物體內，偷偷摸摸生活著的邊緣生物（少數派）。但綜觀整個自然界，會發現寄生生物的種類應比非寄生生物還要多。也就是說，自然界有很多寄生生物。這是因為許多生物的體內或體表就有多種寄生生物，有些寄生生物體內還有更小的寄生生物寄生（重寄生物）。一般認為，這個世界上還有許多未被發現的寄生生物，所以目前還不曉得這個世界上到底有多少種。

許多生物類別中，都有靠寄生為生的生物，包括單細胞生物（原生動物）、多細胞生物中的扁形動物、線蟲動物、節肢動物，甚至還包括了植物。

單細胞的寄生生物也稱為「原蟲」。雖然名字內有蟲，但並不是我們常說的昆蟲。在熱帶～亞熱帶地區，以蚊子為媒介，感染其他動物，造成嚴重傳染病（瘧疾）的瘧原蟲（右頁照片），以及感染多種哺乳類的弓漿蟲，都是原蟲的代表性例子。

多細胞的寄生生物，則包括了扁形動物的條蟲、吸蟲、線蟲動物中的蟯蟲、蛔蟲、海獸胃線蟲等。聽到寄生蟲，大部分的人第一個想到的會是這類生物。

說到節肢動物中的寄生生物，最著名的應該是寄生在動物體表的蜱蟎、蝨子等。另外，您是否曾在味噌湯的蛤蜊內找到小小的螃蟹呢？這種螃蟹稱為「蚶豆蟹」，是一種節肢動物類的寄生生物。世界上的寄生生物種類非常多，例子怎麼舉也舉不完。

必須依賴其他生物才能生存

歸根究柢，「寄生」到底是指

潛伏中的寄生蟲 紅色箭頭指出的部分就是寄生蟲。

寄生在貝類上的節肢動物

寄生於蛤蜊類的宿貝海蜘蛛（節肢動物）。被寄生的貝類會出現成長受阻的情況。貝殼內寄生中的宿貝海蜘蛛為未成熟個體，成體（左下圖片）會離開貝類，在沙中生活。成體體長約5毫米。它們不會寄生在人類身上，吃下去對人體無害。

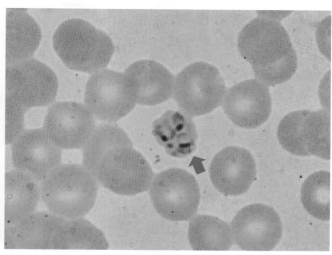

瘧疾的病原體

瘧原蟲（惡性瘧原蟲）進入人類紅血球（淡紫色圓形）的樣子。寄生於紅血球的環狀原蟲（環狀體）直徑約為0.002毫米。瘧原蟲是造成瘧疾傳染病的單細胞生物。依照世界衛生組織的估計，2021年時，非洲有62萬人死於瘧疾，其中多數為孩童。

粗大條蟲的細小頭部

條蟲的一種，有鉤條蟲的頭部顯微鏡照片。頭部直徑僅1毫米左右。頭部末端有許多小小的鉤狀物，周圍有四個吸盤。有鉤條蟲會寄生在人類腸道，全長可達2～3公尺。身體形狀就像寬扁麵條一樣，由多個寬扁「節片」連接而成。

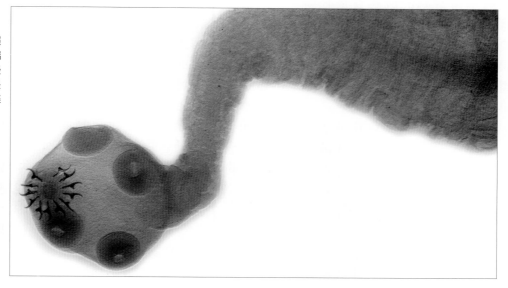

什麼樣的狀態呢？簡單來說，如果一個生物的生活場所、營養層面，都需依賴另一種生物，就可以稱為寄生生物。

寄生也是一種「共生」，是指不同物種的生物共同生活的關係。若只有其中一方的生物（寄生方）在這個關係中獲益，另一方生物（被寄生方，宿主）有損失的話，這個關係就稱作寄生。不過生物間的關係常相當複雜，我們人類常難以簡單、客觀判斷其利害關係。是否為寄生關係的界線，其實相當曖昧不明。

另外，「寄生蟲」這個詞，指的通常是所有寄生生物中，以人類或對人類有用的生物（家畜、魚貝類等）為宿主的動物。另外，若考慮部分細菌或病毒的生存方式，或許也能將

其視為寄生蟲，不過在學術上，常會把這些細菌與病毒視為不同領域的研究，本節文章也不會提到這些細菌與病毒。

寄居在各種生物身上，伺機侵入目標生物

讓我們以「海獸胃線蟲」這種寄生蟲為例，看看寄生蟲的一生（右頁圖）。海獸胃線蟲屬於線蟲動物，幼蟲會寄生在鯖魚、鮭魚、烏賊的肝臟、消化道周圍或是肌肉內，吃下這些部位的人類就會被感染。喜歡吃生魚料理的日本人應常聽到海獸胃線蟲這個名字，畢竟日本也發生過多起相關食物中毒案例。

海獸胃線蟲的成蟲會住在鯨豚的胃中。大型鯨體內寄生的成蟲數可達數萬隻。雄蟲與雌蟲在鯨的胃內交配，接著雌蟲產出的卵，會隨著糞便從肛門排出，於海水中四散。

海獸胃線蟲的卵會在海水中一邊漂流一邊成長，孵化成幼蟲，之後再被磷蝦（外形似蝦的小型浮游動物）吃下，在磷蝦體內會保持幼蟲狀態開始寄生生活，不會變為成蟲。能讓寄生蟲轉變為成蟲的宿主，稱作「最終宿主」。而在進入最終宿主之前，供幼蟲寄生、發育的生物則稱作「中間宿主」。也就是說，磷蝦是海獸胃線蟲的中間宿主。

當海獸胃線蟲幼蟲寄生的磷蝦被烏賊、鯵魚、鯖魚吃掉後，海獸胃線蟲就會「搬家」到這些生物體內。不過即使搬家到這些生物體內，海獸胃線蟲仍會保持幼蟲狀態，不會變成成蟲。

直到海獸胃線蟲幼蟲寄生的魚類被鯨豚吃掉，才算是抵達了最終目的地。幼蟲會在鯨豚的胃內蛻皮，轉變成成蟲，接著雌蟲在交配後產下卵。這就是海獸胃線蟲的一生（生活史）。它們會多次更換宿主，最後抵達最終宿主體內。這是許多寄生生物的共通習性。

單細胞寄生蟲（原蟲）的生活史稍有不同。部分原蟲不只行有性生殖，也會藉由無性生殖（細胞分裂）增加個體數，而沒有卵與幼蟲階段。而且，它們可能會在某些宿主體內以無性生殖繁殖，在另一些宿主體內以有性生殖繁殖。行無性生殖時的宿主稱作中間宿主，行有性生殖的宿主則稱作最終宿主。譬如瘧原蟲在人類體內只會行無性生殖，所以人類是中間宿主；瘧原蟲在蚊子體內會行有性生殖，所以蚊子是瘧原蟲的最終宿主。

為什麼要在多種宿主間轉換？

為什麼海獸胃線蟲的一生中，要在不同宿主間轉換呢？應該有不少讀者有這個疑問吧。如果中間宿主沒有被最終宿主吃掉就死亡的話，體內寄生蟲也會跟著死亡。如果由卵孵化的幼蟲不需寄生到中間宿主，而是直接被最終宿主吃掉，寄生在上面，應該可以降低前述風險才對。

事實上，有許多寄生蟲不需經過中間宿主階段。人類寄生蟲中的蟯蟲與蛔蟲就是很好的例子。這些寄生蟲的卵會直接進入人類口中感染人類，生活史簡單得多。

乍看之下，中間宿主只會增加寄生蟲的風險，但其實多一個中間宿主也有優點。研究人類與動物共通寄生蟲的日本大學松本淳教授說：「比起讓卵或幼蟲隨風或隨海流擴散，寄生在有移動能力的中間宿主上，可以移動到更遠的地方。」而且，寄生蟲在中間宿主內可行無性生殖，增加個體數。在它們被最終宿主吃下時，感染機率較高。舉例來說，以狐狸為宿主的包生條蟲，會在中間宿主的老鼠肝臟內大量繁殖。

經過中間宿主，或不經過中間宿主，哪個對寄生蟲比較有利，取決於寄生生物與環境差異，無法一概而論。以宿主為哺乳類的寄生蟲為例，扁形動物的條蟲、吸蟲原則上需要一或兩個中間宿主；線蟲動物中，需要中間宿主的種類就較少。

操控宿主被天敵吃下！

前面我們介紹的寄生關係中，只有寄生方獲利，被寄生方（宿主）則有損失。不過，寄生蟲通常不會對最終宿主造成致命危險。因為如果最終宿主死亡，自己也會跟著死去。研究水生生物寄生蟲的日本東京大學良永知義教授說：「鯨魚與海豚胃中可以看到大量海獸

海獸胃線蟲的一生

本圖以一種線蟲「海獸胃線蟲」為例，簡述寄生蟲的「生活史」。大部分寄生蟲的宿主僅限於數種特定生物，不過海獸胃線蟲為例外，可寄生超過150種宿主。生活史中，非必需寄生的宿主稱作「保幼宿主」。對海獸胃線蟲而言，磷蝦為中間宿主，烏賊、魚類則是保幼宿主。

【最終宿主】

鯨魚

海豚

海獸胃線蟲成蟲
（體長約10公分）

鱈魚

【保幼宿主】

烏賊

鮭魚

鯖魚

鰺魚

吃下寄生在魚類身上的幼蟲

人類

人吃下被海獸胃線蟲寄生的烏賊或魚類後，也會被感染。海獸胃線蟲不會寄生人類、不會在人類體內成長，卻會侵入胃壁、腸壁（症狀於172頁中說明）。

幼蟲（體長1～3公分）

成蟲在最終宿主，海豚、鯨魚的胃中生活。釋放於海中的卵孵化成幼蟲後，會先寄生在磷蝦上。之後隨著宿主被不同動物吃下，幼蟲也會跟著更換宿主。直到宿主被最終宿主吃下，海獸胃線蟲才會蛻皮，轉變為成蟲，並交配產卵。

卵
（直徑約0.05毫米）

在卵中發育的幼蟲

幼蟲（體長4～6毫米）

剛孵化的幼蟲
（體長0.2～0.3毫米）

磷蝦

【中間宿主】

胃線蟲成蟲，不過對宿主不至於造成太大的不良影響。」

不過，如果不是最終宿主，而是中間宿主或保幼宿主，對於寄生蟲而言就只是「暫時居住」的地方。為了讓寄生蟲抵達最終宿主體內，中間宿主或保幼宿主必須被吃掉才行。因此在某些例子當中，寄生蟲會設法改變宿主的外觀，或是操控宿主的行動，使宿主被其他動物吃掉，也就是「寄生生物操控」（parasite manipulation）。

舉例來說，棲息於歐洲與北美的寄生蟲「彩蚴吸蟲」，中間宿主為蝸牛，最終宿主則是各種鳥類。平常蝸牛會躲在葉子背面，但如果蝸牛被這種寄生蟲的幼蟲寄生，就會跑到葉子表面的顯眼處。幼蟲會在蝸牛觸角內博動，從人的角度來看會覺得不太舒服（第170頁照片）。喜歡吃蝸牛的鳥類能輕易發現這種顯眼的觸角，並捕食

蝸牛，而讓彩蚴吸蟲能進入最終宿主。

弓漿蟲為貓的寄生蟲，寄生在老鼠這個中間宿主身上時，會使老鼠變得行動遲鈍，危險判斷能力降低，易被貓捕食。槍形吸蟲這種寄生蟲的幼蟲寄生在螞蟻身上時，會促使螞蟻爬到草的末端，讓最終宿主的牛吃下螞蟻。另外還有些寄生蟲，會促使作為宿主的魚游到水面附近，讓鳥能輕易捕捉。

目前已有許多研究指出寄生蟲會「操控」宿主。

省去多餘功能，適應寄生生活的身體

蟯蟲是生活在人類盲腸的寄生蟲。人類睡覺時，雌性蟯蟲會從肛門爬出，在肛門周圍的皮膚產下近1萬顆卵。這些卵會藉由人類的手掌或手指，沾在衣服或食物，然後進入其他人的口中，擴大感染範圍。被蟯蟲寄生時不會有明顯的症狀，不過在蟯蟲產卵時，宿主人類會覺得肛門癢癢的。依照東京都政府的調查，1960年代小學生的蟯蟲感染率約有10％，現在則已低於1％。

觀察蟯蟲成蟲的身體，可以發現幾乎被消化系統與生殖系統占滿了（右頁示意圖）。由於生活在溫度固定、有大量養分的人類腸道內，不需要那些能迅速移動及捕捉其他生物的器官，於是攝取營養用的消化系統與留下子孫的生殖系統，對蟯蟲來說就是最重要的器官。

研究認為，寄生生物原本是自由生活（非寄生、非固著）的生物演化而來。這些生物在某些原因下，於生物體內或體表找到易於生活的環境，並定居於該處（寄生）。經過許多世代後，無用器官逐漸縮小，必要器官逐漸增大，這些身體上的變化使其適應了寄生生活。

有些寄生蟲同時有自由生活形態與寄生生活形態。糞線蟲這種人類寄生蟲的生活史中，就有這兩種形態。雌性糞線蟲在人類腸道內產卵後，卵會在腸道內孵化，形成0.5毫米左右的幼蟲，並隨著糞便排出體外。幼蟲可能會在外界土壤中自由生活，轉變為成蟲，也可能會從人類皮膚侵入體內，再次展開寄生生活。

不過，我們不曾在自然界中發現「原本過著寄生生活，後來卻完全放棄寄生」的生物。松本教授說：「寄生蟲的身體結構已經高度適應宿主體內環境。曾經適應寄生生活的生物，要再度回到自由生活，是一件相當困難的事，也沒有什麼好處。」

因為「難以辨識」所以能躲過宿主的攻擊

對宿主來說，寄生生物毫無疑問是異物。當然，宿主會設法透過免疫功能排除寄生生物。另一方面，寄生生物則會設法留在宿主體內。

瘧原蟲有逃脫宿主免疫系統的能力（免疫迴避）。一般情況下，當人類得到傳染病時，免疫細胞會記住病原體的資訊（免疫記憶），當同一種病原體第二次侵入體內時，就會依照

操控宿主行動的寄生蟲

彩蚴吸蟲寄生的蝸牛。寄生蟲幼蟲會移動到觸角，在觸角內部博動，這個畫面可能會讓人不大舒服。這種狀態下的蝸牛觸角十分顯眼，容易被作為最終宿主的鳥類吃掉。

這些記憶迅速擊退病原體，使人體免於被感染。但是免疫記憶的機制對瘧原蟲不起作用，一個人一年內可能會感染多次瘧疾。

瘧原蟲以蚊子為媒介，會經由蚊子叮咬人類，從血管入侵人體。瘧原蟲表面的蛋白質富有多樣性，即使免疫細胞對某種瘧原蟲的蛋白質資訊有記憶，如果下次侵入的是擁有不同蛋白質的瘧原蟲，免疫細胞就不會將其視為同一種病原體。另外，瘧原蟲會釋出某些能抑制免疫細胞增殖的物質，降低宿主的免疫功能。

若被瘧原蟲感染，會出現近40°C的高燒與貧血症狀。我們可以用抗瘧疾藥物治療，殺死在病患體內繁殖的瘧原蟲。但如果太晚投藥，瘧疾仍會重症化，嚴重可能致死。研究寄生蟲傳染病的日本神戶大學宇賀昭二名譽教授說：「全世界每年都有數十萬人死於瘧疾。因為瘧原蟲有免疫迴避能力，所以至今仍無適當疫苗（預防藥物）。」

除了瘧原蟲之外，可迴避宿主免疫細胞攻擊的寄生生物還包括能製造與宿主相似之蛋白質，偽裝成宿主細胞的血吸蟲，以角質形成的膜包覆身體表面的包生條蟲幼蟲等。

可治療過敏，甚至能減肥？

有些研究指出，寄生蟲對宿主免疫功能的影響，有時候「對宿主有利」。某些案例中，

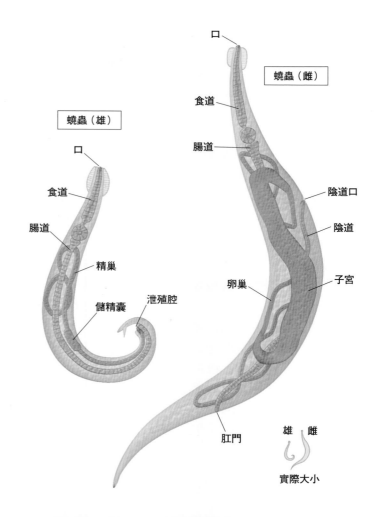

消化系統與生殖系統占了身體的大部分

一種線蟲「蟯蟲」的身體結構示意圖。適應寄生生活的蟯蟲，身體結構大部分被消化系統（綠色）與生殖系統（紅色）占據。雄蟲體長為2～5毫米，雌蟲體長為8～13毫米。雌蟲比雄蟲大了一圈。

有人會刻意在體內「飼養」條蟲或鉤蟲，改善花粉症、發炎性腸道疾病等過敏性疾病。

「寄生蟲抑制宿主免疫功能時，可減輕宿主因反應過度的免疫作用而產生的過敏症狀。確實有使用寄生蟲治療過敏的案例，但還不確定會有哪些副作用，所以目前仍沒有確定的治療方式」（宇賀名譽教授）。

另外，住在腸道內的寄生蟲，會「搶走」宿主養分，有人認為這可以幫助減肥。條蟲成蟲會在人類腸道內吸收營養成長，體長最長可達數公尺（172頁下方為寄生於腸道內的條蟲照片）。有些人認為「飼養」這種條蟲，可以幫助減肥。但宇賀名譽教授表示：「目前仍不確定條蟲是否真的有減肥效果。」

順帶一提，條蟲會透過生食牛肉、豬肉、鮭魚、鱒魚等食物感染，被寄生的人會出現腹瀉、腹痛等症狀，肛門會排出條蟲片段。

不小心進入非宿主體內的幼蟲，會引發問題

海獸胃線蟲是鯨豚類的寄生蟲，但也會感染人類。被海獸胃線蟲的幼蟲寄生的魚類被人類吃下後數小時，幼蟲頭部就會鑽入胃壁或腸壁，造成劇烈的腹痛。

雖然體長數十毫米的幼蟲在胃上開洞，會造成物理上的傷害，但這並非劇烈腹痛的原因。腹痛原因是海獸胃線蟲幼蟲引起的過敏反應。因此，在沒有免疫記憶的初次感染時，不會引發劇烈症狀。

海獸胃線蟲對人類造成的傷害，與寄生蟲操控宿主之類所造成的傷害有些不同。因為人類體內環境並不適合海獸胃線蟲生長，幼蟲無法寄生在人類體內（不是宿主）。這種寄生蟲幼蟲不小心進入非宿主體內引起的不良反應，稱作「幼蟲移行症」（larva migrans）。

另外，不只活著的海獸胃線蟲幼蟲會引起過敏，死亡的海獸胃線蟲幼蟲也會引起過敏。有些人吃下鯖魚後會出現過敏症狀，良永特聘教授說：「事實上，其中四成左右的病患，都是因為海獸胃線蟲幼蟲引起的過敏而出現症狀。」

日本並未根絕寄生蟲

生活在環境乾淨的現代，或許有不少人以為寄生蟲只存在於過去。日本人的寄生蟲感染率確實比以前低許多。舉例來說，在第二次世界大戰剛結束時，日本人的蛔蟲寄生率約為70％，現在只有0.02％左右。

蛔蟲成蟲的體長可達30公分，為大型寄生蟲。感染蛔蟲的患者不會有嚴重症狀，卻會有腹痛、腹瀉等情況。蛔蟲會透過人類糞便擴大感染範圍，所以在以人類糞便為肥料的年代，寄生率相當高。

但即使改善了衛生環境，也不代表能根絕寄生蟲。至今我們的周圍仍潛藏著許多寄生蟲（右頁圖）。舉例來說，以貓為最終宿主的弓漿蟲，目前也寄生於10〜30％的日本成年人體內。在大多數情況下，弓漿蟲的寄生並不會讓人體出現症狀，但可能會透過母子垂直感染，造成胎兒嚴重障礙，所以孕婦應注意避免被感染。

日本人最愛的魚貝類是許多寄生蟲的主要感染源，其中也包括了前面介紹的海獸胃線蟲。日本人喜歡吃未冷凍的生鮮食材，不過海鮮的生食有一定的感染風險。「螢烏賊、香魚等魚類，原本就不應生食。有些人以為只要新鮮就能生食，這是相當危險的想法」（良永特聘教授）。

另外，每年都會有數十至數百個在海外感染瘧原蟲，並把寄生蟲帶回日本的案例，稱作「輸入傳染病」（輸入性寄生蟲症）。有許多寄生蟲在日本幾近絕跡，但在海外仍有很高的寄生率。

透過「知識疫苗」避免寄生蟲傳染

雖然寄生蟲就在你我身邊，但也不必過於擔心。會造成人

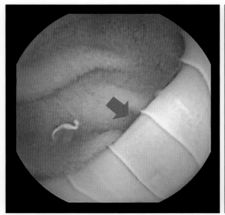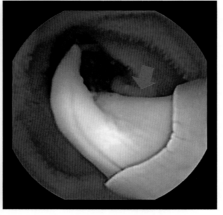

潛入腸道內的條蟲
以內視鏡拍攝寄生在人類腸道內的無鉤條蟲（一種條蟲）。箭頭所指的白色物體，就是條蟲的一部分。條蟲由多個寬扁的「體節」相連而成，寬度為1〜2公分，全程可達數公尺，是相當大的寄生蟲。

對人類有害之寄生蟲的「潛伏對象」

烏賊
鯖魚

「海獸胃線蟲」這種線蟲會寄生在烏賊與鯖魚體內。

香魚

「橫川吸蟲」這種扁形動物會寄生在香魚、銀魚、鯉魚體內，人類吃下後會出現腹瀉、腹痛等症狀。

澤蟹

「肺吸蟲」這種扁形動物會寄生在淡水蟹上。若感染人類，幼蟲會進入肺中，讓人出現發燒、咳嗽、生痰等症狀。

隱形眼鏡

髒污的隱形眼鏡上可能有「棘變形蟲」（原蟲）附著，這種寄生蟲可能會感染人類，引起角膜炎。

沙坑

狗或貓可能會在沙坑上排便，故沙中可能混有「犬蛔蟲」、「貓蛔蟲」的卵。人類若被感染，會出現咳嗽、發燒、頭痛等症狀。極少數情況下，幼蟲可能會移動到人的眼睛，造成視力障礙。

豬肉

「有鉤絛蟲」（第167頁照片）可寄生於豬肉，生食豬肉可能會被感染。幼蟲會移動到腦，可能會轉為重症。

萵苣（生菜）

使用人類糞便作為肥料栽培出來的蔬菜，可能含有「蛔蟲」的卵。

貓
狗

寄生在狗身上的「犬心絲蟲」幼蟲可能藉由蚊子感染人類。寄生在貓身上的「弓漿蟲」，可能藉由貓的糞便感染人類。

類疾病的寄生蟲種類不多，傳染途徑也相當有限。

舉例來說，經由食物傳染的海獸胃線蟲等寄生蟲，在充分加熱或充分冷凍（零下20℃冷凍24小時）後，基本上就會死亡。不過要注意海獸胃線蟲不會因為沾到醋就死亡。另外，沾在手上的蟯蟲卵、沾在蔬菜上的蛔蟲卵，只要充分沖洗就會脫落。注意別被在晚上吸血的「瘧原蚊」叮咬，就能避開可怕的瘧原蟲。不管是來自哪裡、什麼樣的寄生蟲，只要知道傳染途徑，要避免被寄生蟲感染並不是難事。

如果被寄生蟲感染，通常會用外科手術取出，或是用對應的驅蟲藥來治療。舉例來說，如果被海獸胃線蟲感染，會將附有鑷子的內視鏡放入胃中，夾出幼蟲。蛔蟲或是絛蟲等會潛入人類消化道的寄生蟲，則可以透過服用驅蟲藥的方式，麻痺寄生蟲，使其隨著糞便排出體外。

寄生蟲相關疾病在治療上的最大問題，有時候是因為能看出病因是寄生蟲的醫生並不多。宇賀名譽教授說：「現在日本的寄生蟲疾病正在減少中，缺乏相關診斷知識的醫生卻逐

漸增加。」

可能有些醫生看不出病因在海獸胃線蟲，卻做了不必要的開腹手術；可能有些醫生看不出是瘧疾，使症狀持續惡化。如果患者有寄生蟲相關知識，也能自行提出可能是寄生蟲感染，進而防止這類不幸的案例發生。相關寄生蟲知識，正是保護我們不被寄生蟲傷害的「疫苗」。

淺原正和／Asahara Masakazu
日本愛知學院大學教養學院副教授，理學博士。1982年出生於日本靜岡縣。日本京都大學農學院資源生物科學系畢業，日本京都大學理學研究所博士畢業。專長為哺乳類的演化形態學，研究主題為包括鴨嘴獸在內之各種哺乳類的形態演化。

東昭／Azuma Akira
日本東京大學名譽教授，工學博士。1927年出生於日本神奈川縣。日本東京大學工學院應用數學系畢業。專長為航空工程學。研究主題為動物的動作。著作包括《*The Biokinetics of Flying and Swimming*》、《生物動作事典》等。

安藤達郎／Andou Tatsurou
足寄動物化石博物館館長（兼任學藝員）。Ph.D.。1970年出生於日本北海道。紐西蘭奧塔哥大學理學院地質學教室畢業。專長為古脊椎動物學，特別是類企鵝鳥類的演化。研究主題包括最古老的企鵝「威馬奴企鵝」等類企鵝鳥類的演化原因，以及鯨鬚起源等。

上田惠介／Ueda Keisuke
日本立教大學名譽教授。Ph.D.。1950年出生於日本大阪府。日本大阪府立大學農學院畢業。專長為行動生態學、鳥類學。研究主題包括鳥的配偶系統的演化，杜鵑鳥的托卵策略、共演化等。

宇賀昭二／Uga Shouji
日本神戶大學、日本神戶女子大學名譽教授。醫學博士。1949年出生於日本高知縣。日本大學農學研究所碩士畢業。專長為寄生蟲學、全球衛生學。研究主題包括開發中國家的寄生蟲疫情調查、Centrocestus屬吸血蟲的「寄生生物操控」。

遠藤秀紀／Endou Hideki
日本東京大學綜合研究博物館教授。獸醫學博士。1965年出生於日本東京都。日本東京大學農學院獸醫學系畢業。專長為遺體科學、比較解剖。研究主題為脊椎動物局部移動的比較功能形態學，以家雞等家禽作為模式生物。著作包括《人體 失敗的演化史》、《哺乳類的演化》等。

小野正人／Ono Masato
日本玉川大學農學院大學部／研究所教授、學術研究所所長、研究推進事業部部長，日本昆蟲科學協會代表，日本學術會議應用昆蟲學分科會，委員長。農學博士。1960年出生於日本東京都。日本玉川大學農學研究所博士畢業。專長為昆蟲功能應用學、化學生態學、演化生物學、社會性蜂類行動生態分析、有助於SDGs之生物功能應用的研究。曾於英國科學期刊《*Nature*》上發表日本蜜蜂的熱殺蜂球（1995）、大虎頭蜂的警報費洛蒙（2003），另也發表了許多論文。

加藤秀弘／Katou Hidehiro
日本東京海洋大學名譽教授。日本一般財團法人日本鯨類研究所顧問。水產學博士。日本北海道大學水產學研究所畢業。曾任職於日本鯨類研究所、日本水產廳遠洋水產研究所、日本東京海洋大學教授，再到現職。專長為藍鯨、小鬚鯨等大型鯨類生活史。以「南極小鬚鯨的族群動態研究」獲得1999年日本科學技術廳長官賞（現在的日本文部科學大臣賞）。主要著作包括《鯨魚博士的的田野戰記》等。

黃川田隆洋／Kikawada Takahiro
日本農業與食品產業技術綜合研究機構，生物功能應用研究部門，功能應用開發團隊主任。日本東京大學新領域創新科學研究所客座教授。工程博士。1970年出生於日本岩手縣。日本岩手大學農學院農藝化學系畢業。專長為極端環境耐性生物的分子生物學、生物化學。目標是在分子層次下，分析乾燥後也不會死亡的生物，開發細胞或生物的乾燥保存新技術，並投入應用。

窪寺恒己／Kubodera Tsunemi
日本國立科學博物館名譽研究員、日本水中影像學術顧問。水產學博士。1951年出生於日本東京都。日本北海道大學水產學院增殖學系畢業。專長為頭足類的分類、生物學、生態學。主要著作包括《大王烏賊的奇蹟相遇》等。

小林朋道／Kobayashi Tomomichi
日本公立鳥取環境大學副校長，環境學院教授。理學博士。日本岡山大學理學院生物學系畢業。專長為動物行為學、演化心理學。著作包括《老師、有超大蝙蝠在走廊飛！〔日本鳥取環境大學〕森林的人類動物行為學》等老師系列、《每個人腦有各自的癖好 動物行為學的人類理論》等多本書籍。

小檜山賢二／Kohiyama Kenji
日本STU研究所所長、日本慶應義塾大學名譽教授。工程博士。1942年出生於日本東京都。日本慶應義塾大學工學院電力工程系畢業。專長為無線通訊、影像處理。目前研究主題是昆蟲的高精密圖像、3D電腦模型製作、地區資訊通訊網路等。主要著作包括《塵驅》、《獨角仙》、《行動電話演化論》等。

坂本文夫／Sakamoto Fumio
日本京都先端科學大學名譽教授、客座研究員、日本京都日本蜜蜂研究所所長。農學博士。1948年出生於日本長崎縣，日本京都大學農學院農藝化學系畢業。專長為生物有機化學、化學生態學。研究主題為日本蜜蜂的化學生態學與行為科學，從推動綠化的觀點出發，持續關心都市與都市周圍的養蜂人員。

澤井悅郎／Sawai Etsurou
日本廣島大學生物圈科學研究所生物資源科學專攻博士畢業。1985年出生於日本大阪府。日本近畿大學農學院水產學系畢業。專長為魚類分類學、生態學。目前研究主題為翻車魨科魚類的分類或生態。著作包括《黑潮的魚群》（共著）等。

柴山充弘／Shibayama Mitsuhiro
日本一般財團法人綜合科學研究機構中子科學中心主任（日本東京大學名譽教授）。工程博士。1954年出生於日本愛知縣。日本京都大學工學院高分子化學系畢業。專長為高分子物理學、軟物質。目前研究主題為高分子凝膠的結構與物理性質、軟物質物理、中子散射。編著作品包括《*Neutron in Soft Matter*》、《21世紀的物質科學》、《光散射的基礎與應用》等。

城野哲平／Jouno Teppei
日本京都大學理學研究科副教授。理學博士。1983年出生於日本和歌山縣。日本京

都大學理學研究科畢業。專長為動物行為學、演化生態學。研究主題包括壁虎叫聲、雄性變色龍間的打鬥、虎斑頸槽蛇的毒腺等。

鈴木紀之／Suzuki Noriyuki
日本高知大學農林海洋科學系副教授。農學博士。1984年出生於日本神奈川縣。日本京都大學農學院資源生物科學系畢業。專長為昆蟲生態學。主要著作包括《解開「乍看不合理」的演化謎題》、《博士喜愛的樸素昆蟲》（昆蟲）等。

田中彰／Tanaka Shou
日本東海大學名譽教授。農學博士。專長為海洋動物學、保育生態學，特別是鯊魚類高級消費者的生態、生活史相關研究。國際自然保護聯盟（IUCN）物種保育委員會鯊魚專家小組亞洲地區成員，日本板鰓類研究會前會長。著有多本書籍，包括《追逐深海鯊魚》、《THE DEEP SEA日本最深的駿河灣》（共著）、《美麗的掠食者 鯊魚圖鑑》（監修）。

田中博人／Tanaka Hiroto
日本東京工業大學副教授。資訊工程學博士。1980年出生於日本東京都。日本東京大學工學院產業機械工程學系畢業。專長為流體力學、精密加工技術、仿生學。研究蜂鳥、企鵝的飛行、游泳機制，以及模擬牠們動作的機器人。

對比地孝亘／Tsuihiji Takanobu
日本國立博物館地球科學研究部研究團隊。Ph. D.。1974年出生於日本群馬縣。日本東京大學理學院生物學系與地球科學系畢業。專長為古脊椎動物學，從事爬行類古生物學與比較形態學方面的研究。

東原和成／Touhara Kazushige
日本東京大學農學生命科學研究所教授。Ph. D.。1966年出生於日本東京都。日本東京大學農學院農藝化學系畢業，美國紐約州立大學石溪分校化學研究所博士畢業。研究主題為氣味與費洛蒙的科學。共著、編著《化學受體的科學》、《葡萄酒的香氣》等多本書籍。

早矢仕有子／Hayashi Yuuko
日本北海學園大學工學院生命工程系教授。農學博士。日本北海道大學農學研究所取得學分後退學。專長為鳥類保育學。近年來投入毛腿漁鴞的研究，以及研究如何讓市民參與保育活動。著作包括《毛腿漁鴞家族故事》、《野生動物餵食問題》（部分執筆）、《保護日本罕見鳥類》（部分執筆）等。

疋田努／Hikida Tsutomu
日本京都大學名譽教授。理學博士。1951年出生於日本大分縣。日本京都大學理學院動物學系畢業。專長為動物系統分類學、爬行兩生類學。目前研究主題為東亞與東南亞地區的爬行類系統生物學、生物地理學。

平山廉／Hirayama Ren
日本早稻田大學國際教養學系教授。理學博士。1956年出生於日本東京都。日本慶應義塾大學經濟學系畢業。專長為化石爬行類學、古生物地理學。

福井大／Fukui Dai
日本東京大學農學生命科學研究所附屬實驗林講師。農學博士。日本北海道大學研究所畢業。專長為生態學。研究主題為蝙蝠的生態與分類。主要著作包括《神奇的蝙蝠》（共著）、《蝙蝠識別手冊》（監修）、《森林與野生動物》（共著）等

船山信次／Funayama Shinji
日本藥科大學客座教授、日本藥史學會副會長。藥學博士。日本東北大學藥學系畢業，日本東北大學藥學研究所博士畢業。專長為天然物化學、藥用植物學、藥史學。主要研究題目為生物鹼、天然有機化合物的生物合成研究、毒物與藥物的歷史等。著作包括《生物鹼》、《毒物與藥物的世界史》、《毒物改變了天平年間 —— 藤原氏與輝夜姬之謎》等。

松岡廣繁／Matsuoka Hiroshige
日本京都大學理學研究科地球行星科學研究所地質學礦物學領域助理教授。理學博士。1971年出生於日本愛知縣。日本橫濱國立大學教育學院地球科學系畢業。專長為以鳥類為首的脊椎動物古生物學、骨骼

形態與肌肉群的復原、古生物古生態的考察等。從事相關基礎研究，以及現生動物的比較解剖。主要著作包括《鳥的骨架》。

松澤慶將／Matsuzawa Yoshimasa
四國水族館館長、特定非營利活動法人日本海龜協議會會長。農學博士。1969年出生於日本新潟縣。日本京都大學農學院水產學系畢業。專長為海洋生物環境學。研究主題為海龜類生物的繁殖生態。近年來參與了美波町立日和佐海龜博物館的改建。著作包括《Loggerhead Sea Turtles》（共著）、《海龜的自然誌》（共著）等。

松本淳／Matsumoto Jun
日本大學生物資源科學院獸醫學系副教授。醫學博士。1972年出生於日本福島縣。日本北海道大學獸醫學院獸醫學系畢業。專長為獸醫寄生蟲學。主要從事人獸共通寄生蟲（疾病）的研究。

三宅裕志／Miyake Hiroshi
日本北里大學海洋生命科學院環境生物學講座海洋無脊椎動物學研究室教授。農學博士。1969年出生於日本大阪府。日本東京大學農學生命科學研究所博士畢業。專長為海洋生物學。目前研究主題為水母類的分類與生活史、深海生物保育、深海熱水性生物的幼蟲傳播、深海海底垃圾對生態系的影響等。

村上貴弘／Murakami Takahiro
日本九州大學永續社會決斷科學中心副教授。地球環境科學博士。1971年出生於日本神奈川縣。日本北海道大學畢業。專長為行為生態學、保育生態學。目前的研究題目為螞蟻的聲音溝通。主要著作為《用螞蟻語說夢話》等。

良永知義／Yoshinaga Tomoyoshi
日本東京大學農學生命科學研究所特聘教授，農學博士。1958年出生於日本宮崎縣。日本東京大學農學院水產學系畢業。專長為魚病學。從事天然魚類與養殖魚類之寄生蟲與防疫的相關研究。

Staff

Editorial Management	中村真哉
Design Format	宮川愛理

Editorial Staff　小松研吾, 加藤 希

Writer　薬袋摩耶（18〜19, 142〜147ページ）, 佐藤成美（114〜115, 120〜123ページ）

Photograph

6	Chesampson/stock.adobe.com
10	Alamy/Cynet Photo
12	PROMA/stock.adobe.com
13	ZENPAKU/stock.adobe.com
14	前田将輝/北村郁生/田中博人/劉浩（千葉大学 劉研究室）(撮影協力：多摩動物公園)
15	Ryan Carney/Museum für Naturkunde Berlin
18	【カラフトフクロウ】janstria/stock.adobe.com, 【ワシミミズク】jurra8/stock.adobe.com
19	【アナホリフクロウ】Danita Delimont/stock.adobe.com, 【シマフクロウ】ondrejprosicky/stock.adobe.com, 【メンフクロウ】henk bogaard/stock.adobe.com
20-21	Paul W. Kerr/stock.adobe.com
23	gabriel/stock.adobe.com
24〜25	【グレーヘラコウモリ、ヒマラヤカグラコウモリ】gabriel/stock.adobe.com, 【ナミチスイコウモリ】Natalia Kuzmina/stock.adobe.com
27	【アホウドリ、エミュー】松岡廣繁提供, 【ハクチョウ、ダチョウ】我孫子市鳥の博物館提供, 【カラスの指】諸寿一/アフロ, 【レアの指】M.Watson/ARDEA/Aflo, 【ダチョウの指】Mike Lane/Photoshot/Aflo
28	【フクロウオウム】Lei Zhu NZ/stock.adobe.com, 【フナガモ】達志影像
38	Science Photo Library/アフロ
39	東海大学海洋学部海洋生物学科 大泉 宏教授
47	Paul Robson/stock.adobe.com
49	中村武弘/ボルボックス
52	【マンボウの昼寝】Cathie/stock.adobe.com, 【マンボウの稚魚（前, 横）】G.D.Johnson
54	Andy/stock.adobe.com
55	Uryadnikov Sergey/stock.adobe.com
56	【ネコザメの卵】HollyHarry/stock.adobe.com, 【ネコザメ】Martin/stock.adobe.com
57	anemone/stock.adobe.com
58	prochym/stock.adobe.com
60	Darin Sakdatorn/stock.adobe.com
61	【ザトウクジラ】Danita Delimont/stock.adobe.com, 【ミンククジラ口の模型】山田町 鯨と海の科学館
70	Cathy Keifer/stock.adobe.com
71	【ジャクソンカメレオン】Lauren/stock.adobe.com, 【エボシカメレオン】lessysebastian/stock.adobe.com, 【ナノヒメカメレオン】Frank Glaw, Jörn Köhler, Oliver Hawlitschek, Fanomezana M. Ratsoavina, Andolalao Rakotoarison, Mark D. Scherz & Miguel Vences - Glaw, F., Köhler, J., Hawlitschek, O. et al. Extreme miniaturization of a new amniote vertebrate and insights into the evolution of genital size in chameleons. Sci Rep 11, 2522 (2021). doi:10.1038/s41598-020-80955-1, 【ラボードカメレオン】達志影像
72-73	林 敦彦/Newton Press（骨格標本提供：GALVANIC）
78	SailingAway/stock.adobe.com
83	アドベンチャーワールド
85	アドベンチャーワールド
88	【アフリカゾウの鼻】CheriAlguire/stock.adobe.com, 【インドゾウの鼻】jodie777/stock.adobe.com
99	【バジリスク】Science Source, 【ハイスピードビデオカメラ画像】Tonia Hsieh (Temple University)
101	川邊 透, John Bush (MIT) and David Hu (Georgia Tech) アメンボ/Shutter stock
106〜109	小檜山賢二
112	Alexey Protasov/stock.adobe.com
113	【産卵】Shutter stock, 【孵化】Cynet Photo, 【脱皮】photolife95/stock.adobe.com, 【サナギ】Henk Wallays/Wirestock Creators/stock.adobe.com, 【羽化直後, 星が出てきた】Jorge/stock.adobe.com
115	玉川大学 小野正人
118〜119	玉川大学 小野正人
120	沖縄科学技術大学院大学（OIST）生物多様性・複雑性研究ユニット
122	【ヒアリ】elharo/stock.adobe.com, 【繁殖のしかた】max5128/stock.adobe.com
123	【ハキリアリ】felipe/stock.adobe.com, 【グンタイアリ】Kevin/stock.adobe.com, 【ヤマトムカシアリ】Will Ericson/Specimen code:CASENT0902775/from www.antweb.org, 【新種のアリ】Michael Branstetter/Specimen code:CASENT0106181/from www.antweb.org, 【ハンミョウアリ】April Nobile/Specimen code:CASENT0003210/農研機構
130	農研機構
133	wernerrieger/stock.adobe.com
134	aee_werawan/stock.adobe.com
136	【アメリカンビーバー】Enrique/stock.adobe.com, 【タナグモ科の仲間】Rolf Nussbaumer/Danita Delimont/stock.adobe.com, 【ズアオアトリ】natal/stock.adobe.com, 【ヒグマ】byrdyak/stock.adobe.com
137	【シャカイハタオリの巣】dblumenberg/stock.adobe.com, 【シャカイハタオリ】Christian/stock.adobe.com
138〜139	【アリ塚】169169/stock.adobe.com, 【クスサンのまゆ・クスサン】mahalopuka/stock.adobe.com, 【フグの巣】達志影像
140	【カメムシの卵_茶】Tomasz/stock.adobe.com, 【カメムシの卵_緑】sweeming YOUNG/stock.adobe.com, 【カメムシの卵_黄色】ealityImages/stock.adobe.com, 【クサガロウの卵】Ashish_wassup6730/stock.adobe.com
141	【ハナカケトラザメの卵】Aquilon/stock.adobe.com, 【オオカマキリの卵のう】dreamnikon/stock.adobe.com, 【エゾサンショウウオの卵塊】足立 聡/stock.adobe.com
142	【フラミンゴ】Anna 0m/stock.adobe.com
143	【ミナミゴンズイ】Alexei/stock.adobe.com
144	【ムクドリ】Albert Beukhof/stock.adobe.com
145	【ニホンザル】mayudama/stock.adobe.com, 【カモメ】MATT il grafico/stock.adobe.com, 【ヌーとシマウマ】Rixie/stock.adobe.com
146-147	【アメリカアカシカ】cseno23/stock.adobe.com, 【サバンナシマウマ】gudkovandrey/stock.adobe.com
148	【コノハチョウ】Pietro/stock.adobe.com
149	【オオシモフリエダシャク】iredding01/stock.adobe.com
150	【ナナフシ】みのり/stock.adobe.com, 【シャクトリムシ】iwafune/stock.adobe.com, 【スズメバチ】ジュンイチ ササキ/stock.adobe.com, 【アブ】F_studio/stock.adobe.com
151	【アフリカオナガミズアオ】funnyhill/stock.adobe.com
152	杉浦真治
153	佐藤宏明
154	Fritillaria delavayi © 2020 Elsevier Inc., 【ロイコクロディウム】aleoks/stock.adobe.com
155	present4_u/stock.adobe.com
156	Francesco/stock.adobe.com
157	【カミソリウオ_緑】Subphoto/stock.adobe.com, 【カミソリウオ_赤】wernerrieger/stock.adobe.com, 【イワシ】Yelizaveta/stock.adobe.com, 【イカ】aquapix/stock.adobe.com
158	【ドクハキコブラ】Willem Van Zyl/stock.adobe.com
159	【コモドドラゴン】K.A/stock.adobe.com, 【イモガイ】Photoshot/アフロ
160	【ヤドクガエル】Al Carrera/stock.adobe.com, 【ズグロモリモズ】達志影像
161	アフロ
162	【エメラルドゴキブリバチ】Hummingbird Art/stock.adobe.com, 【セイタカアワダチソウ】藤原尚太郎/stock.adobe.com
164	【タバコ】Arthit/stock.adobe.com, 【コーヒー】Nishihama/stock.adobe.com, 【麻薬】DarwinBrandis/stock.adobe.com
165	【生薬】hirosumu/stock.adobe.com, 【土壌】Tinnakorn/stock.adobe.com, 【分子】molekuul.be/stock.adobe.com
167	【アサリとウミグモ】千葉県水産総合研究センター, 【マラリア原虫】Shutter stock, 【有鉤条虫】Shutter stock
170	mauritius images/アフロ
172	宝塚市立病院中央検査室 中筋幸司

Illustration

Cover Design, 1	宮川愛理（イラスト：Newton Press, 黒田清桐）
2	黒田清桐
3	Newton Press
5	黒田清桐
7〜10	Newton Press
10-11	黒田清桐
12〜13	Newton Press
15	Newton Press
16-17	黒田清桐
23	Newton Press
26	Newton Press・黒田清桐
28〜32	Newton Press
35	黒田清桐
36	黒田清桐・Newton Press
38	Newton Press
40〜44	黒田清桐
46	Newton Press
48	荻野瑤海, Newton Press
50〜51	Newton Press
53	Newton Press
56〜57	Newton Press
60	Newton Press
61	東京海洋大学鯨類学研究室
63〜66	Newton Press
68〜70	Newton Press
74	Newton Press
74-75	荻野瑤海
76〜77	Newton Press
79	Newton Press
80-81	黒田清桐
82	Newton Press
84-85	Newton Press
86-87	Newton Press
89〜97	Newton Press
100	Newton Press
103	Newton Press
105	Newton Press
107〜108	Newton Press
110〜111	Newton Press
114	Newton Press
116-117	Newton Press
121〜122	Newton Press
124	黒田清桐
125〜127	Newton Press
128〜129	立花 一, Newton Press
163	Newton Press
169	Newton Press
171	Newton Press
173	黒田清桐（ネコ）, Newton Press

【 人人伽利略系列 41 】

動物趣味知識圖鑑
動物生存看家本領大解密！

作者／日本Newton Press
翻譯／陳朕疆
特約編輯／王原賢
編輯／林庭安
發行人／周元白
出版者／人人出版股份有限公司
地址／231028 新北市新店區寶橋路235巷6弄6號7樓
電話／（02）2918-3366（代表號）
傳真／（02）2914-0000
網址／www.jjp.com.tw
郵政劃撥帳號／16402311 人人出版股份有限公司
製版印刷／長城製版印刷股份有限公司
電話／（02）2918-3366（代表號）
香港經銷商／一代匯集
電話／（852）2783-8102
第一版第一刷／2025年1月
定價／新台幣500元
　　　港幣167元

國家圖書館出版品預行編目（CIP）資料

動物趣味知識圖鑑：動物生存看家本領大解密！
日本Newton Press作；陳朕疆翻譯. --
新北市：人人出版股份有限公司, 2025.01
面；公分. —（人人伽利略系列；41）
ISBN 978-986-461-421-9（平裝）

1.CST：動物學　2.CST：通俗作品

380　　　　　　　　　　　　113017981